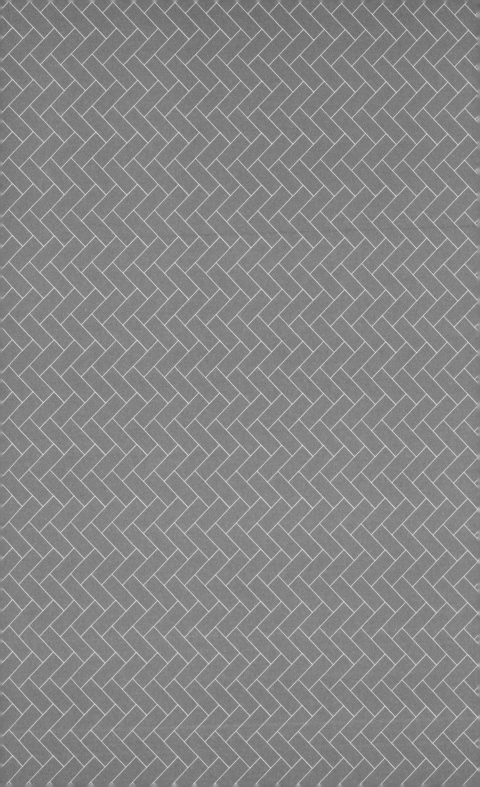

책을 브런치로 먹는 엄마

기적을 만드는 엄마 성장 독서의 시작

기적을 만드는 엄마 성장 독서의 시작

최선미
지음

책을
브런치로
먹는 엄마

한울림

나를 찾는 보물찾기 놀이

아이가 생기고 나면 엄마들은 교육에 많은 관심을 갖게 됩니다. 대한민국 교육이 너무 과열됐다느니 사교육이 큰 문제라느니 하며 우리나라의 높은 교육열을 흉보던 사람도 막상 자신의 아이가 태어나고 나면 얘기가 달라집니다. 자녀의 교육이 가장 중요한 문제가 되지요.

그중에서도 유아기와 초등학생 시기를 거쳐 중고등학생 때까지 변함없이 강조되는 교육이 있으니, 바로 독서교육입니다. 교육에 관심 있는 엄마일수록 어려서부터 아이들에게 책을 많이 읽히고자 노력하지요. 어릴 때부터 도서관에 자주 데리고 가서 책을 접하게 해주고, 독서논술을 시키는 것은 물론이요, 각종 독서 대회에 아이들을 출전시키기도 합니다. 아이는 엄마의 그런 관심과 사랑, 노력으로 내면을 차곡차곡 채워갑니다.

그런데 엄마는 어떤가요? 엄마는 책을 읽고 있나요? 아이가 어릴 때는 육아서 좀 들척이고, 중고등학생이 되고는 입시 관련 책을 찾아보기도 하지만, 정작 엄마 자신을 위한 책은 얼마나 읽나요?

안타깝게도 대부분의 엄마들 삶에는 자신을 위한 책이 없습니다. 아이에게는 그렇게 책 읽기를 강조하지만, 정작 본인은 그렇지 못하지요. 그게 우리 현실입니다.

책을 읽으면서 아이들의 내면은 점점 채워져 가는데, 반대로 엄마의 내면은 점점 비워져 갑니다. 아이들이 커갈수록 엄마의 내면에는 공백이 생겨요. 아이와의 관계도 예전만 못하고, 공허한 마음이 들면서 우울해집니다. 아이는 점점 성장해가는데 엄마인 나는 제자리걸음, 아니 오히려 뒷걸음질 치는 것 같아서요.

누구나 인생살이가 힘겹고, 마음이 팍팍해질 때가 있지요. 저역시 그랬습니다. 메마른 땅에 물을 주듯이 내 영혼에도 물을 주고 싶은데, 어떻게 해야 할지 몰랐어요. 그때 저는 본능적으로 책을 읽었습니다. 그렇게 책을 많이, 오래 읽다 보니 책이 참 좋다는 것을 알게 되었지요.

읽은 책의 권수가 늘어날수록 배우는 게 많아졌고, 이런저런 지식이 쌓이는 것 같아서 뿌듯했습니다. 또 책을 통해 나 자신을 제대로 바라볼 수 있게 되었지요. 나의 어린 시절, 현재의 모습, 내 안의 내면아이, 이런 감추어진 나의 진짜 모습을 책을 통해 발견할 수 있었습니다.

책에서 받은 수많은 위로는 또 어떻고요. 누구나 친구 혹은 가족에게도 털어놓지 못하는 고민과 걱정거리가 있잖아요? 말 못 할 고민으로 울적할 때 글자로만 존재하는 책 한 권이 조용한 위로가 되었지요. 현재 고민하는 내용이 오롯이 담겨 있는 책도 있었고, 앞으로의 방향성을 제시해주는 책도 있었습니다. 그런 책들은 나 자신을 잘 이해하게 해주었고, 정신력 강화에도 큰 도움을 주었어요.

제가 책을 통해 얻은 이득을 몇 개의 문장으로 요약한다면 '나에 대한 이해를 돕는다, 지혜로운 조언을 해준다, 위로를 해준다, 지식과 통찰력을 키워준다, 재미를 준다'입니다. 하지만 이 모든 말을 다 치우고, 딱 한 문장으로 축약하면 '날 성장시켜준다'입니다.

교사로서 이 좋은 경험을 학생들도 겪어보길 바랐습니다. 책이 아이들의 평생 친구가 되게 해주고 싶었지요. 그래서 2009년부터 학교에서 독서교육을 시작했습니다. 수업시간에 아이들에게 책을 읽게 했죠. 책에 흥미가 없던 아이가 학기 말 즈음 책과 가까워져 있는 모습을 매년 볼 때면, 독서교육을 시작하길 잘했다는 생각이 듭니다.

그리고 지금은 엄마인 여러분도 좋은 책을 만나 책과 친해지면 좋겠다는 바람이 큽니다. 책을 통해 나날이 성장하는 엄마가 되기를 바라는 마음에서 이 글을 쓰기로 결심했지요.

아이 앞에서 멋진 엄마이고 싶은데 그러지 못해 속상함을 느끼는 엄마들, 내면을 가꾸고 싶은데 어디서부터, 어떻게 시작해야 할지 몰라 엄두도 내지 못하는 엄마들, 독서는 서툴지만 책을 통해 자신을 찾고 성장하고 싶은 엄마들, 이 책은 이런 엄마들을 위한 책입니다.

산이 높다 높다 생각하면 아예 올라갈 마음이 안 들지요. 동네 뒷산을 슬슬 산책하는 기분으로 부담 없이 독서를 시작할 수 있도록 단계별로 구체적인 방법을 제시했습니다. 독서 왕초보라도 책을 집어 들고, 꾸준히 읽을 수 있게 말입니다.

개인적으로 독서생활을 하면서 얻은 통찰과 중고등학교에서 독서를 지도하면서 얻은 경험, 12년째 참여하는 독서동아리에서 얻은 배움을 이 책에 오롯이 담았습니다. 이런 저의 이야기가 독서를 시작하고자 마음먹은 여러분에게 실질적인 도움이 될 거라 생각해요.

엄마의 내면에 윤기가 생기면 아이의 내면에도 윤기가 생깁니다. 더불어 집안의 분위기와 심리적 온도까지 변하지요. 그 마법 같은 변화를 여러분도 경험해 보시면 좋겠습니다.

책이라는 보물찾기, 그 안에서 '나 자신'을 만나 여러분 모두 삶의 윤기를 되찾기를 바랍니다.

그럼, 지금부터 나를 찾아나가는 길을 같이 떠나 볼까요?

최선미

차례

1장

엄마 성장 독서를
시작해야 하는 이유

엄마 성장 독서의
나비효과

'나비효과'라는 말을 들어본 적 있으신가요? 작은 나비의 날 갯짓이 멀리 떨어진 곳에서 태풍을 일으킨다는 이론이지요. 아주 미세한 변화가 실로 엄청난 결과를 가져올 때 쓰는 말입니다. 처음엔 날씨 변화를 이야기하는 과학이론에서 출발했으나 현재는 경제학, 사회학 등 다양한 분야에서 광범위하게 쓰입니다. 그럼 이제, 엄마 성장 독서가 어떤 나비효과가 있을까 같이 생각해 볼까요?

독서가 좋다는 얘기는 여기저기서 많이 듣습니다. 따로 설명하지 않아도 독서의 효과에 대해서는 다들 잘 알고 계실 거예요. 그렇다면 엄마 성장 독서는 어떤 효과가 있을까요? 일반 독서와 비교해 어떤 점이 다를까요? 엄마 독서만의 장점을 엄마 역할과 관련지어 생각해 봅시다.

엄마를 생각하면 연이어 떠오르는 대상이 있습니다. 바로 자녀지요. 엄마에게 아이는 굉장히 소중한 존재입니다. 생살이 찢어지는 아픔을 준 존재이지만, 그 고통을 금세 잊을 만큼 엄마는 자신의 아이를 아끼고 사랑하지요. 그런데 종종 그 사랑이 너무 집중되어 탈이 날 때가 있습니다. 엄마의 모든 관심이 아이를 향해 있는 경우가 그래요. 엄마야 내 아이가 소중해 그런다지만, 아이는 버겁고 힘들어요.

아이를 향한 엄마의 과도한 관심이 문제일 경우, 그 관심의 방향을 엄마 자신에게로 돌리는 것이 필요합니다. 때로는 관심을 줄여주는 게 서로의 숨통을 트여주기도 하니까요. 그럼 자기 자신도 챙기고, 엄마라는 역할에도 도움이 되는 일이 뭐가 있을까요? 이왕이면 건설적이고, 별다른 제약이 없는 일이 좋겠지요? 저는 독서가 떠오르네요.

사실 가족들 중에 누구라도 책을 읽으면 좋습니다. 그중에서도 엄마가 책을 읽으면 좋은 이유가 아이에게 직접적인 영향을 줄 수 있는 사람이기 때문이지요. 아이는 부모의 뒷모습을 보고 자란다는 말이 있듯이 아이들은 부모, 특히 엄마의 모든 것을 스편지처럼 흡수하는 경향이 있습니다. 엄마의 생각, 감정, 사고방식, 생활습관까지도요. 때론 엄마의 건강 상태에 영향을 받기도 하지요.

예전에 다른 엄마에게 들었던 말입니다. 이분에게는 다섯 살짜리 딸아이가 있었는데요, 자기가 아프면 딸도 꼭 같이 아프더래요. 처음엔 우연인가 했는데, 다음번에도 또 그러고 자꾸 그런 일이 반복되다 보니, 아이와 자신이 연결되어 있다는 걸 경험적으로 믿는다고 하시더군요.

이런 경험을 하신 분이 많지는 않으시겠지요. 저도 이런 경험은 없어요. 그러나 이 분의 말이 허황된 말이 아니라 충분히 수긍이 가는 말이었기에 아주 인상이 깊었답니다.

건강도 이럴진대 엄마의 기분이나 감정은 아이에게 더 잘 전해지지 않을까요? 아이들은 엄마의 목소리만 듣고도 엄마의 기분을 알아채잖아요. 심지어 아무 말 없이 앉아만 있어도 금방 분위기를 감지하지요. 아이들은 촉이 발달해 있습니다. 특히 엄마와 연결된 촉이요. 낳아주고, 먹여주고, 입혀주고, 생활 전반을 다 챙겨주는 사람이 엄마이니, 엄마의 감정에 민감할 수밖에요.

엄마의 내면이 공허하면 아이는 금방 느낄 거예요. 그 반대도 마찬가지고요. 엄마가 내면에 푸른 숲을 키우고 있다면, 아이는 숲의 싱그러운 향을 맡게 될 겁니다. 엄마의 내면이 쫙쫙 갈라진

사막이라면 아이도 그 사막 한가운데 있는 거나 다름없겠지요.

엄마가 책을 통해 숨 쉬고, 싱그러워지고, 건강해진다면 아이도 행복해질 거예요. 그 숲에서 몸에 좋은 피톤치드와 음이온이 나오니, 우리 아이들이 얼마나 건강해지겠어요.

엄마라는 존재는 엄마가 된 순간부터 자신보다는 아이들을 챙기는 마음이 더 큽니다. 모성 본능이라고도 하지요. 맛있는 게 있으면 아이들 먼저 먹이느라 바빠요. 엄마는 못 먹더라도 말입니다.

우리 엄마들은 자식들이 잘 자라주기를 바랍니다. 건강하게, 행복하게 자라줬으면 좋겠고, 이왕이면 공부도 잘했으면 하는 마음이 있어요. 공부를 잘해야 선택할 수 있는 진로의 폭이 넓다고 생각하기 때문입니다. 경제적으로, 사회적으로 인정받는 직업을 갖기를 바라니까요. 이런 자식을 향한 엄마의 마음은 아마 꼬부랑 할머니가 되어서도 같을 거예요.

엄마는 자녀가 책 읽는 아이로 자라길 바랍니다. 유아기나 학령기 때는 더 그러하지요. 독서가 좋다고 하니, 내 아이도 책을 좋아했으면 하는 거지요. 그런데 입학 전까지 책을 곧잘 읽었던 아이도 초등학생, 그것도 고학년이 되면서부터는 잘 읽으려 하지 않습니다.

학년이 올라갈수록 책과 더 멀어지는데, 문제는 중고등학생이 되면 독서력이 실질적으로 필요한 상황이 온다는 겁니다. 수행평가, 대학수학능력시험, 대학 논술고사 등에서 독서 능력을 요구하니까요. 결국 독서력이 아이의 진로에 영향을 주는 상황이 벌어지는 것이죠.

어려서부터 독서를 한 아이는, 중고등학생 때 부랴부랴 국어 독해문제집을 풀고 있는 아이보다 훨씬 여유가 있습니다. 어려서부터 책을 꾸준히 읽어온 아이는, 또래 친구들보다 뛰어난 독해력과 사고력을 갖고 있기 때문이지요.

내 아이가 이 여유 있는 아이이면 얼마나 좋을까요? 생각해보세요. 아이가 책 읽는 습관을 갖도록 옆에서 엄마가 도와줄 수 있다면? 아이가 조금이라도 어릴 때 말이에요.

그럼 그냥 '공부 좀 해!' '책 좀 읽어라!' 하는 말보다 더 효과 좋고, 탈 없는 방법이 뭐 없을까요? 독서 학원에 보내는 거요? 논술 수업을 듣게 하는 거요? 아닙니다. 가장 좋은 방법은 엄마가 엄마를 위한 책을 읽는 거예요.

독서를 공부하는 아이보다 독서하는 아이를 원하시지 않나요? 아이도 책을 읽으라고 말하는 엄마보다 책 읽는 엄마를 더 원합니다.

엄마가 독서를 합니다. 자신을 위한 책을 읽습니다. 아이가 보겠지요. 남편도 보고요. 그냥 그렇게 매일 보겠지요. 보다, 보다, 보다, 그러다 어느 날 엄마를 따라 슬며시 책을 집어 듭니다. 아이든 남편이든 한번 따라 하면, 다음에도 또 따라 할 수 있어요. 습관이란 건 일단 뭐든 시작해야 생기는 거니까요.

엄마를 따라서 아이나 남편이 독서를 시작하면, 그 가정은 엄마 독서의 나비효과가 나타난 집이 되겠네요. 만약 따라 하지 않는다면? 그래도 엄마 혼자 계속 읽는 거지요. 최소한 엄마 내면에는 태풍이 일어날 테니 말입니다.

책을 읽다 보면 독서라는 것이 왜 그리 오랜 세월, 사람들에게 중요한 가치로 여겨져 왔는지 직접 느끼게 될 겁니다. 책에 쓰인 글귀 하나가 날 위로하고, 내 생각을 변화시킨다면 이전의 나와는 달라지는 거지요. 엄마 성장 독서의 나비효과를 체감하며 하루하루를 의미 있게 보내면 됩니다.

그러다 어느 날 문득, 아이와 남편이 나의 영향을 받고 있다는 느낌이 옵니다. 내 안의 변화가 밖에까지 영향을 미치는 순간이 시작된 거죠. 그 변화를 예측할 수 있을까요? 아니요, 잘 모르겠습니다. 나비효과처럼 그 변화의 정도와 방향을 짐작할 수는 없어요. 하지만 제 경험과 주변 사람들의 경험을 바탕으로 자신 있게 말씀드릴 수 있습니다. 엄마 독서는 분명 효과가 있습니다. 그것도 측량할 수 없을 정도로 어마어마한 효과가 있어요.

엄마인 나의 내면에 나무 냄새 가득한 숲이 자란다면 그 자체로 얼마나 행복할까요? 아이가 그 숲속에서 나비가 되어 훨훨 날아다닌다고 상상해 보세요. 엄마를 따라 아빠의 내면에도 또 하나의 숲이 생기면 우리 아이는 정말 부자가 되는 거네요. 엄마 아빠가 모두 숲이라면 아이의 내면이 얼마나 풍요롭겠어요.

이 책을 집어 든 여러분, 숲이 되는 체험을 한번 해 보시겠어요? 지금 바로 나비의 날갯짓을 시작해 보세요.

나 자신을 위해서, 내 아이를 위해서, 우리 가정의 행복을 위해서 말입니다.

순간은 영원히
반복되기에

"우물쭈물하다 내 이럴 줄 알았다."

이 말은 노벨문학상 수상 작가인 조지 버나드 쇼 George Bernard Shaw 의 묘비명입니다. 묘비명치곤 웃기고 재치가 넘치네요. 번역의 오류라는 얘기가 있긴 합니다만, 일단 한국에 널리 알려진 글귀는 이것이지요. 엄마 성장 독서를 왜 지금 시작해야 하는지 설명하려는 순간, 이 글귀가 떠올랐습니다.

마음먹기는 쉽습니다. 우리는 자주 작심을 합니다. 그게 삼일을 못 가 흐지부지되는 게 문제지요. 마음먹은 것을 행동으로 옮겨야 죽이 되든 밥이 되든 할 텐데, 말만 하고 행동이 없으니 결실이 없지요. 결과물이 있으려면 행동을 해야 합니다.

엄마는 내 아이에게 이것저것 바라는 게 많습니다. 양치질을 스스로 잘했으면 좋겠고, 저녁 시간이 되면 알아서 깨끗이 씻었으면 좋겠고, 숙제도 알아서 척척 잘해 갔으면 좋겠다고 생각하지요. 학교 시험 기간에는 계획을 잘 세워서 알차게 시험공부를 했으면 하고요. 엄마가 뭐 좀 하라고 말했을 때 대답만 하는 것이 아니라 바로바로 행동으로 옮겼으면 좋겠다고 생각합니다.

이렇게 우리는 항상 아이에게 뭔가를 바라고 있습니다. 저 역시 아이를 임신한 순간부터 '행복하고, 건강한 사람으로 자라다오.'라고 바랐지요. 그런데 건강하라고 보낸 태권도 학원을 자꾸 이 핑계 저 핑계 대며 빠질 생각만 하는 아이를 보면 속에서 열불이 납니다. "으이구, 빠지지 말고 성실하게, 열심히 좀 다녀라!" 하고 잔소리를 하게 되지요.

뭔가를 성실하게, 꾸준히 하길 바라는 마음, 그것은 미루지 않기를 바라는 마음과도 통합니다. 일상의 아주 작은 부분도 미루지 않는 습관을 가진 사람으로 자랐으면 해요. 저뿐만 아니라 많은 엄마들이 같은 마음일 거라 생각해요.

아이가 제 할 일을 미루지 않길 바라는 마음은 왜 생기는 걸까요? 대관절 미루지 않으면 좋은 점이 무엇이길래 우리는 본능적으로 그렇게 되기를 바라는 걸까요? 그건 행동의 결실을 금방 얻을 수 있기 때문이 아닐까 싶네요.

엄마 성장 독서를 지금 당장 시작하라고 말씀드리는 이유가 바로 이것입니다. 엄마는 독서가 좋다는 것을 압니다. 그래서 자신의 아이에게도 자꾸 책을 읽으라고 말합니다. 책을 많이 읽을수록 아는 것이 많아지고, 생각의 폭도 넓어진다는 걸 알고 있기 때문이지요. 또 책이 인생을 살아가는 데 많은 도움이 된다는 것도 알고요.

다 알지요. 진짜 어려운 것은 그걸 행동으로 옮기는 것, 즉 아이 말고 내가 책을 읽기 시작하는 것이죠. 독서의 필요성을 잘 알고 있으면서도, 정작 본인은 하지 않으면 어떨까요? 욕심과 바람은 있지만, 행동이 없는 엄마가 되겠지요. 행동하지 않으니, 당연히 결과도 없습니다. 생각으로만 끝나는 하루하루가 반복되다 보면, 신세 한탄으로 이어집니다.

'책을 읽어야 하는데, 형편이 안 되네.' '내가 이렇게 의지가 약한 사람인가.' 하는 생각이 계속 들고, 점점 자신감도 사라집니다. 결국 잡게 되는 건 아이들입니다. 자신의 자녀요.

"책 읽으라고 엄마가 몇 번을 말했어!"

엄마가 모범을 보이지 않으면서 아이에게만 뭔가를 하라고 강요한다면, 과연 그 말이 힘이 있을까요? 아이들이 속으로 '엄마도 안 하면서….'라는 불만을 갖고 있다고 생각해 보세요. 어떠신가요? 그래도 아이들 앞에서 당당하실 수 있나요?

엄마 성장 독서의 필요성에 동의하는 분이시라면, 뒤로 미루지 말고 지금 당장 시작해 보세요. 자꾸 미루다 보면 한 해, 두 해 나이만 먹게 됩니다. 그러다 5년, 10년 시간이 흘러가요. 나중에는 '이 나이에 무슨 책이야?' 하고 포기해버리기 십상이에요. 늦었다 싶을 때가 가장 좋은 시기라고 하지요. 마음먹은 이 순간이, 행동하기에 가장 좋은 때입니다. 생각은 그동안 많이 했어요. 생각은 에너지라 생각은 다른 생각을 낳지요. 생각의 뭉치가 점점 커질 때는 그 고리를 끊을 필요가 있습니다. 생각을 멈추고, 몸으로 하는 거지요.

우물쭈물하다가 지나간 세월이 아깝다고 한탄하시지 마시고, 이제는 용기를 내셨으면 좋겠어요. 아이에게 끊임없이 무언가를 바라고 독촉하기보다는, 스스로에게 뭘 하라고 잔소리하고 격려하는 여러분이 되셨으면 합니다.

엄마가 직접 경험해 본 것이기에 자녀에게 말하기도 좋습니다. 엄마가 해 봤기에 아이가 지겨워하거나 잠시 딴짓을 해도 그 마음을 충분히 이해하지요. 꾸준하게, 성실하게 자신을 챙긴다는 것이 쉽지 않다는 걸 경험을 통해 배웠으니까요.

더는 오늘의 행복을 내일로 미루지 마세요. 성장도 미루지 말고요. 할 일을 계속해서 미루는 사람에게 멋진 미래는 없습니다.

독일 철학자 프리드리히 니체 Friedrich W. Nietzsche 가 한 말 중에 '영원회귀'란 말이 있습니다. 제가 참 좋아하는 말이지요. 어려운 말이지만, 단순하게 이해하면 '순간순간은 영원히 반복된다'는 뜻입니다. 순간이 영원히 반복되기에 계속 되돌아온다는 것이죠. 그런 의미에서 볼 때 지금 이 순간을 나태하게 보내면, 우린 영원히 그런 순간이 반복되는 삶을 사는 거겠지요. 반대로 이 순간 도전하고 행동한다면, 그런 순간의 모습이 영원히 반복되는 거고요.

니체의 말이 맞든 틀리든, 이 해석이 맞든 틀리든 그보다 더 중요한 것이 있습니다. 바로 삶이란 순간의 조각이 모여 인생 전체를 이룬다는 것이지요. 마치 퍼즐처럼요. 당연히 순간의 조각이 잘 맞춰져야지만, 인생이라는 퍼즐의 전체 모습이 아름답게 완성되지 않을까요?

저는요, 제가 아름다운 순간을 영원히 반복할 수 있는 사람이 되길 바랍니다. 매 순간을 소중하게, 귀하게 다루고 싶어요. 제 인생의 퍼즐을 미완성으로 두고 싶지 않거든요. 이왕이면 형형색색의 아름다운 모습으로 완성하고 싶습니다.

지금 이 순간 인생의 퍼즐 조각을 하나하나 맞춰갈 때 완성될 아름다운 모습을 눈앞에 그려보세요. 어떤 풍경이 그려질지 상상만 해도 두근거리지 않나요?

우물 밖 세상으로 나간
엄마의 조언

엄마가 독서를 하면 어떤 점이 좋을까요?

일단, 엄마의 생각이 깨이겠네요. 세상에 대한 다양한 정보와 의견들을 접하니까요. 또 책을 읽다 보면, 삶의 내공이 보통이 아닌 사람들의 영향을 받게 됩니다. 그들은 조바심 내지 않아요. 초연함을 공통 특징으로 갖고 있지요. 그런 작가들의 책을 읽으면, 심리적으로 안정감이 듭니다.

생각이 깨이고 심리적 안정감까지 얻는다면, 불안이 줄어들 테니 엄마의 삶이 좀 더 평온해지겠네요. 이러한 엄마의 변화가 아이들에게 어떤 영향을 줄까요?

아이들은 엄마를 영혼으로 느낍니다. 말이 필요 없지요. 엄마를 그 자체로 온전히 느낍니다. 엄마의 생각, 감정, 기분까지도 아이들은 다 느낄 수 있어요. 엄마의 기분이 안 좋아 보이면 아이들은 엄마 눈치를 보잖아요. 똑같아요. 엄마가 편안한 상태면 아이들도 마음이 편안합니다.

엄마 독서가 정말 필요하다고 생각하는 이유 중 하나가 바로 이겁니다. 엄마의 생각이, 감정이 보이지 않게 아이들에게 전달되기 때문이죠. 엄마가 유연한 사고를 하면요, 아이들도 따라서 말랑말랑한 사고를 하게 됩니다.

만약 엄마가 알고 있는 지식이 주변 엄마에게 들은 이야기, 방송에서 떠드는 얘기가 전부라면, 그 엄마는 자신이 전해들은 지식의 범위 내에서 세상을 판단할 겁니다. 남들 얘기에 연연하지 않고 자기 중심을 잡고 아이를 키우는 엄마라면 큰 걱정은 안 해도 될 거예요. 하지만 많은 엄마들이 내 아이가 남들보다 뒤처지면 어쩌나 하는 불안감을 느끼며, 그 불안감을 아이에게 투영합니다. 엄마 본인도 모르는 사이에요.

엄마를 둘러싼 세계가 좁을수록 그 불안감은 더 커집니다. 남들과 같아야 한다는 생각에서 빠져나오기 어려우니까요. 그러니 하나도 득 될 것 없는 막연한 불안감에서 벗어나려면, 세상을 바라보는 시야를 넓힐 필요가 있어요.

독서는, 좀 더 넓은 세상으로 우리를 안내합니다. 알면 보이고, 보이면 느껴지고, 정체 모를 불안감이 점점 사라지게 되죠. 그렇게 세상을 보는 눈이 트이면 말이죠. 어느 순간 삶을 초연한 자세로 바라보게 돼요. 작은 일에 안달복달하지 않는, 편안한 마음 상태가 되는 거죠. 엄마의 그런 안정감 있는 태도는 아이에게 그대로 전달됩니다. 그뿐만이 아닙니다. 엄마의 태도는 물론이고, 엄마가 알고 있는 지식과 경험 역시 생활 속에서 자연스럽게 아이에게 전달됩니다.

'우물 안 개구리'라는 말이 있죠? 만약 엄마가 아는 세상이 우물 안에서 바라본 모습이 전부라면, 엄마는 우물의 모양대로 둥그런 세상, 네모난 세상만 얘기할 수 있을 거예요. 우물 밖을 나가본 개구리만이 세상 넓은 줄 알듯이 엄마도 한정된 공간 밖으로 나가야 자신이 알고 있는 것이 전부가 아니라는 것을 깨달을 수 있어요.

아이는 자라면서 숱한 고민을 할 겁니다. 그때마다 대화할 누군가를 찾을 거예요. 주로 친구가 그 대상이 되겠지요. 하지만 때때로 어른의 조언이 필요할 때가 있어요. 바로 그 순간 내 아이가 엄마인 나를 떠올린다면? 스스럼없이 엄마에게 자신의 인생 고민을 털어놓을 수 있다면?

말이 통하는 엄마, 이 세상 누구보다 자신을 위해주고, 필요할 땐 멋진 조언도 해줄 수 있는 사람. 우리 아이가 나를 이런 엄마로 생각한다고 상상해 보세요. 상상만 해도 뿌듯하고 행복하지 않으신가요?

이런 엄마가 되려면 지혜로워야겠지요. 아이와 진지한 대화를 나누고, 조언도 하려면요. 엄마 본인의 인생 경험이 지혜롭게 잘 숙성된 분이라면, 책에서 얻은 지식과 지혜가 없더라도 상관없습니다. 책에서 배운 게 전부가 아니니까요. 그러나 삶의 지혜와 경험이 부족한 엄마라면, 그 부족한 부분을 어떻게 채워야 할까요? 제 경험상 가장 쉽고 좋은 방법은 바로 독서입니다.

가정에서 엄마의 역할은 큽니다. 물론 아빠의 역할도 크지요. 엄마나 아빠가 독서생활을 꾸준히 하는 집이라면, 그 집 아이들은 독서의 영향권 아래 있게 됩니다.

교육학 용어 중에 '잠재적 교육'이라는 것이 있어요. 보이지는 않지만, 은연중에 스며드는 교육을 말하지요. '보이지 않게 학습되는 것'이라고 이해하면 되는데, 집 안에 항상 책이 있다면 그 집 아이들은 책을 인생 친구로 생각할 겁니다.

집안 환경 덕분에 책에 익숙한 아이는 궁금하거나 알고 싶은 것이 있을 때마다 책에서 답을 찾을 거예요. 딱 맞는 해결책을 찾지 못한다 해도, 어느 정도의 도움은 받을 수 있을 겁니다.

책은 치유의 힘이 있어요. 인생의 길잡이 역할도 하지요. 책에서 배운 걸 삶에 어떻게 적용하는가에 따라 충분히 그럴 수 있어요. 누구나 인생을 살아가며 숱한 어려움을 겪게 됩니다. 평탄한 인생은 없으니까요. 문제 상황을 해결할 뾰족한 방법이 없을 때, 힘을 발휘할 수 있는 것이 바로 '독서 내공'이지요.

독서를 오래 하고 제대로 한 사람, 깊이 있게 한 사람은 문제 상황을 처리하는 방식과 능력, 받아들이는 태도나 심리적 충격에 대한 조절 능력이 남다릅니다. 책을 통해 다양한 인생을 간접적으로 체험해 봤기 때문이지요. 책 내용도 자기 스스로 소화했고 말이지요.

책에서 습득한 것을 자신의 삶에 적용해 한 단계 한 단계 성장해온 사람이라면, 갑자기 맞닥뜨린 문제 상황에 있어서 그렇지 못한 사람보다 대처 능력이 뛰어날 수밖에 없어요.

제 주변에요, 몇 해 전부터 독서에 취미를 붙이신 분이 있습니다. 독서 내공이 쌓인 지 꽤 됐지요. 엄마 성장 독서를 하기 전, 이분의 삶은 오로지 아이를 중심으로 돌아갔습니다. 그러나 지금은 자기 자신을 돌보는 삶을 살고 있습니다. 이분이 얘기합니다. 조금만 더 일찍 책을 읽고, 나 자신을 돌봤으면 참 좋았을 것 같다고요. 지금이라도 책을 읽고, 내가 원하는 일을 시작해서 참 다행이라고요.

제가 아는 또 어떤 분은, 시댁 스트레스가 엄청난 분이셨어요. 항상 억눌려 사셨죠. 하고 싶은 말이 있어도, 꾹 참고 사셨어요. 그랬던 분이 어느 날인가부터 책을 읽기 시작했습니다. 꾸준히, 열심히 읽으셨어요.

그러던 어느 날, 반란이 일어났습니다. 부당함을 느끼게 하는 대상에 맞서 자신의 목소리를 높이게 된 겁니다. 가족들이 슬슬 눈치를 본다는 게 부작용이라면 부작용이긴 한데, 전 이것도 좋다고 생각해요. 과도기인 것이죠. 자신을 표현하는 과정에 있어서의 과도기. 다소 어설프고 불편한 시기이긴 해도, 시행착오를 겪으며 성장이 일어나는 거니까요.

이분은 실제로 마음의 울화병을 고쳤습니다. 심장이 벌렁대던 증상이 없어졌답니다. 이 모든 게 다 독서 덕분이라고 말씀하십니다.

엄마 독서의 힘, 그건 말로 다 설명하기 힘듭니다. 몸소 느껴봐야 알 수 있는 것들이 더 많아요. 왜 그렇게 다들 독서가 좋다고 하는지를요, 특히 엄마에게 독서가 왜 중요한지를요.

이제 좁은 공간에서 벗어나 드넓은 세상으로 나가보는 겁니다. 책이 여러분을 우물 밖으로 이끌어줄 거예요.

엄마에게 권하는
색다른 브런치

엄마는 어떤 삶을 살았을까?

문득 궁금해집니다. 저희 엄마는요, 자식이 최우선이라 생각하시는 분입니다. 한평생 자식을 위해 사셨어요. 맛있는 음식이 있어도 언제나 자식이 먼저죠. 그러면서 하시는 말씀이 "엄마는 배부르다."였으니….

저는 엄마의 이런 모습이 참 싫었습니다. 맛있는 게 있으면 나눠 먹으면 되지, 왜 엄마는 우리한테 다 주고, 본인은 안 챙길까 하는 생각에 안타깝고 속상했지요. 그런데 지금도 이 습관은 못 버리세요. 아무리 그러지 말라고 잔소리를 해도 소용없어요.

여러분의 어머니는 어떠신가요? 아마 조금씩 형태는 달라도 자식을 위하는 마음은 다 같을 겁니다. 저는 엄마의 일방적인 희생에 반대하는 입장이라서요. 애들한테 양보하느라 음식을 안 먹거나 하지 않아요. 어떨 땐 애들하고 가위바위보를 해서 이긴 순서대로 맛있는 걸 골라 먹기도 하죠. 왜냐하면 저도 소중하니까요. 또 엄마가 하나도 먹지 않고 양보만 하면, 자식들 마음이 불편하다는 걸 알기 때문이기도 하고요.

이게 제 스타일의 사랑입니다. 엄마도 소중한 사람이고, 원하는 게 있고, 그걸 누릴 줄 아는 사람이라는 걸 제 아이들이 알기를 바라거든요.

우리 아이를 어떻게 하면 잘 키울까, 어떻게 하면 더 좋은 엄마 역할을 할 수 있을까? 대부분의 엄마들은 이런 고민을 합니다. 그리고 그 고민의 답을 찾기 위해 자녀교육서를 읽지요. 올바른 양육법을 몰라 갈팡질팡하는 엄마들에게 다양한 팁도 일러주고, 육아에 지친 엄마에게 위로가 되어주는 자녀교육서, 참 유용하고 좋습니다.

그런데 자녀교육서만 10년을 넘게 읽고 있다고 가정해 봅시다. 어떨까요? 이번에도 유용하고 좋다는 말을 할 수 있을까요? 아이가 초등학생에서 중학생이 되었는데도 계속 자녀교육서만 보는 엄마에게 묻고 싶습니다.

"어머니, 어머니의 삶은요? 어머니의 욕구는요?"

엄마도 분명 자신의 삶이 있는데, 자녀교육서에 나오는 말은 온통 아이와 관련된 얘기뿐입니다. 오로지 애들 얘기요. 엄마에게 아이가 중요한 건 당연한 얘기지만, 자식 못지않게 중요한 게 또 있잖아요. 바로 자기 자신이요.

엄마의 욕구를 시원스레 풀어주고, 엄마 자신에게 도움이 되는 책. 그런 책을 통해 배움도 얻고, 위로도 받고, 여유도 갖는 삶. 그런 게 필요합니다.

자식만 바라보는 사랑은 오히려 역효과가 날 수 있어요. 엄마와 아이 사이에 적절한 거리가 있어야 건강한 관계가 형성됩니다. 특히 사춘기에 접어든 아이들과의 적절한 거리 유지는 꼭 필요한 거지요. 자녀교육서만 들여다보고 아이들에게 뭔가를 해주려고 촉각을 세우는 엄마보다는, 자신을 위한 취미생활도 하고 책도 읽고 뭔가를 배우는 엄마가 아이한테 더 좋은 엄마의 모습일 수 있어요. 적어도 아이의 숨구멍은 트이니까요.

한번은요, 어떤 학생이 이렇게 말하는 걸 들은 적이 있어요. "저희 엄마는 맨날 이거 해라, 저거 해라 시켜요. 완전 듣기 싫어요. 다 잔소리뿐이에요!"

아이들 눈에 비친 엄마는 대부분 잔소리쟁이지요. 학원은 꼭 가야 하고, PC방에 가면 혼나고…. 시간 단위로 나를 체크하는 감시자, 시험을 잘 보면 뭐 사준다는 말이나 하는 협상꾼. 아이들 입에서 나온 엄마에 대한 이미지입니다. 너무 하지요.

엄마는 입시 정보도 찾고, 자녀교육서도 읽고, 주변에 잘 가르친다는 학원도 수소문하는 등 어떻게든 아이한테 도움을 주려 애를 쓰는데 말입니다. 엄마는 아이를 위해 최선을 다하고 있다고 생각하지만, 중학생 자녀에게는 그런 엄마의 수고로움이 전혀 다르게 느껴지나 봅니다.

매일 엄마와 같이 앉아서 책을 읽는다고 말하는 학생을 만나본 기억이 없습니다. 그러다 올해 재직 중인 학교에서 처음 만나봤습니다. 엄마가 가족 독서를 하자고 시작한 게 쭉 이어져 지금까지 읽는다고 하더군요. 엄마가 정말 멋지시다고 학생에게 전해달라고 했습니다. 이런 가정이 있다니 정말 반갑고 놀라웠지요. 그전까지는 한 번도 만나보지 못했거든요.

아이가 유아기나 초등학교 저학년일 때, 엄마들은 아이의 손을 잡고 서점이나 도서관에 자주 갑니다. 아이 옆에서 동화책을 읽어주곤 하지요. 간혹 엄마가 읽고 싶은 책을 보는 경우도 있고요. 하지만 보통 핸드폰을 보고 있는 경우가 많습니다. 그러다 자녀가 초등학교 고학년이 되면 도서관에 오는 엄마를 보기가 어려워집니다. 중학생이 되면 더하고요.

아이가 어릴 땐 그렇게 책을 찾더니, 아이가 성장하면서 책과 점점 멀어집니다. 어릴 때야 동화책이라도 읽히고, 책 읽는 습관을 길러주고 싶어서 도서관에 같이 갑니다. 하지만 아이가 어느 정도 크고 나서는, 책은 사 주면 그만이고 읽으라고 말만 하면 되니, 더 이상 도서관에 안 갑니다. 독서생활에서 엄마는 쏙 빠지는 거지요. 자녀교육서를 많이 읽은 엄마라고 별반 다르지 않습니다. 다른 책은 안 읽으니까 아이가 자라면 도서관에 갈 일이 없지요.

다시 음식 얘기로 돌아가 볼게요. 좋아하는 음식을 맛있게 먹는 엄마가 있습니다. 그 엄마가 10년 후에도 자기가 좋아하는 음식을 먹는 건 전혀 이상할 게 없습니다. 자식들이 보기에도 당연하고요. 본인에게도 그건 당연한 거지요. 기본 욕구이고, 엄마는 그 욕구를 충족하는 삶을 살아왔으니까요. 그게 습관이자 생활이 된 겁니다.

이번엔 책을 음식에 비유해 볼까요? 세상에는 어마어마하게 많은 책이 있습니다. 여행, 심리, 소설, 시, 에세이, 역사, 철학, 자기계발, 경제, 과학 등 다양한 분야의 책들이 있죠. 물론 자녀교육서도 있어요. 재료나 요리법에 따라 음식의 종류가 달라지듯 책도 그 종류가 참으로 다양하지요.

그런데 이렇게나 다양한 음식들 가운데 단 하나의 음식만 계속 먹는다고 생각해 보세요. 과연 그 음식이 맛있을까요? 영양분은 충분할까요?

뷔페처럼 다양하고 맛있는 책들이 이렇게나 많은데 오로지 한 종류의 책만 읽는 엄마. 그것도 아이를 생각해서 자녀교육서만 읽는 엄마를 볼 때면, 한 가지 맛에 질려서 아예 책과 멀어지지 않을까 하는 안타까운 마음이 듭니다.

저는요, 여러분이 다양한 음식을 맛있게 먹는 엄마가 되었으면 좋겠습니다. 저희 엄마처럼 자식들 먹으라고, 아무것도 안 먹는 엄마 말고요. 또 자식을 위하겠다고 한 가지 음식만 물리도록 먹는 엄마 말고요. 자신을 위해 맛있는 음식을 취향대로 골라 먹는 엄마가 되었으면 해요.

맛있는 책을 브런치로 먹는 엄마, 정말 멋지지 않나요?

왜 책을 읽느냐고
물으신다면

책을 왜 읽어야 하냐고 질문을 받으면, 이동진 영화평론가는
이렇게 답한다고 합니다.

"있어 보이니까."

농담처럼 들리지만, 이게 책을 읽는 중요한 이유라고 하네요.

이동진 평론가의 말은 내적인 성장을 위한 독서만 생각하던
저에겐 신선한 충격이었어요. 그분이 쓴 책 중에《닥치는 대로
끌리는 대로 오직 재미있게 이동진 독서법》이란 책이 있습니다.
이렇게 독서의 재미를 추구하는 사람도 있어 보이기 위해 책을
읽는다고 당당히 말하는 걸 보고, 이것도 분명 독서를 하는 이유
일 수 있겠구나 하는 생각이 들었지요.

문득 고등학교 시절이 생각나네요. 고등학교 때 음악 수업을 참 좋아했습니다. 타고난 음치에 악보도 볼 줄 모르고, 연주할 줄 아는 악기도 없었던 제가 음악 시간을 좋아했던 건 순전히 음악 선생님 때문이었어요. 성격 좋고, 입담도 뛰어난 선생님 덕분에 음악 시간은 언제나 웃음 만발이었지요.

음악 선생님은 재미있는 이야기도 곧잘 해주셨는데요, 다소 어려운 얘기를 하게 된 어느 날이었습니다. 선생님이 다른 선생님을 언급하시면서, "그 선생님께 물어보면 분명 아실 텐데…." 하시는 거예요. 그러면서 하시는 말씀이, 국어 선생님 한 분이 있는데 굉장히 조용하신 분이래요. 근데 그분께 뭐든 물어보면 척척 다 대답을 하신다는 거예요. 아는 게 많아서요. 다른 선생님들도 모르는 게 있을 땐 그 선생님을 찾는대요.

그분이 누구인지 궁금했던 우리는 음악 선생님의 구수한 입담을 통해 나온 국어 선생님의 인상착의를 잘 기억했다가 교무실에 가서 살짝 찾아봤습니다.

고등학생이었던 저와 친구들에게 척척박사라는, 그 국어 선생님은 아주 멋져 보였지요. 그분이 아는 게 많은 건, 책을 정말 많이 읽어서라던 음악 선생님 말씀은 제게 책 읽는 사람에 대한 이미지를 이렇게 각인시켰어요.

'책을 많이 읽으면 아는 게 많은 사람이 되는구나. 다른 선생님들이 다 국어 선생님한테 가서 묻는다니, 엄청 똑똑한가보다. 선생님이 찾아가서 묻는 선생님이라니⋯ 정말 멋지다!'

그렇게 '책 읽는 사람'의 이미지는 오랜 세월이 흐른 지금까지도 '멋진 사람'이라는 이미지로 남아 있습니다.

그 시절 추억을 떠올려 보니, 책을 읽으면 아는 게 많아지고, 남들 보기에 있어 보이는 사람이 되는 게 맞네요. 그 모습이 멋져 보이니, 책을 읽는 한 가지 이유가 될 수 있겠고 말입니다.

그런데요, '책을 왜 읽어야 하는가'와 '책을 왜 읽느냐'는 그 의미가 좀 다를 수 있어요. 전자가 의무와 당위를 묻는 질문이라면, 후자는 있는 그대로 순수한 동기, 이유를 묻는 질문일 수 있거든요. 그래서 다시 물어봅니다.

"책을 왜 읽으시나요?"

제 답변은 '재미있으니까요.'입니다. 이동진 평론가도 실은 이게 가장 중요한 이유라고 말하더군요. 《쾌락독서》를 쓴 문유석 작가도 이렇게 말하고요. 책을 좋아하는 사람이라면, 십중팔구 같은 대답이 나올 겁니다. 이제 막 독서를 시작하시는 분은, 책이 재미있다는 말이 와닿지 않을 수 있지만요. 이 재미라는 것이 책을 읽는 진짜 이유인 사람이 생각보다 많아요.

고등학교 때 저에게 공부가 재미있다고 말한 친구가 있습니다. 그 말을 듣고 '뭐라고? 공부가 재미있어? 어떻게 그럴 수 있지?'라고 속으로 깜짝 놀랐던 적이 있어요. 그 친구가 정말 신기했었지요. 그때 제 주변엔 책을 좋아하는 사람이 없었어요. 만약 그 당시에 책이 재미있다는 말을 들었다면, 공부가 재미있다는 말을 들었을 때만큼이나 신기했을 것 같아요. 학창 시절 저에게 책은 공부처럼 지루하고 의무적으로 읽어야 하는 것, 그 이상도 이하도 아니었거든요.

사실 저는 학생일 때, 책을 거의 읽지 않았어요. 집에 책도 없었고요. 그래서 읽지 못한 건지, 아니면 읽지 않은 건지 모르겠지만, 어쨌든 독서하기 좋은 환경은 아니었어요. 독서 자극을 주는 사람도 없었고요. 책을 읽으러 도서관에 가는 것이 너무 생소한, 먼 나라 이야기 같이 느껴지는, 그런 학창 시절을 보냈지요.

책을 좋아하는 사람들은 보통 어릴 때부터 책과 관련한 서사가 대단하던데, 저는 그렇지 않습니다. 그래도 뒤늦게 독서를 시작한 저 같은 사람도 결국은 책이 재미있어서 계속 읽는 걸 보면, 책이라는 것은 한번 맛을 들이면 헤어 나올 수 없는 매력이 있는 것 같아요.

기본적으로 재미있어서 책을 읽습니다. 때로는 필요한 정보를 얻기 위해서 책을 읽기도 합니다. 유희 독서, 목적 독서라는 말이 있는데요, 이 중 한 가지 유형의 독서만 하는 독서가는 드물 거예요. 저 역시 그렇습니다. 다양한 이유에서 책을 집어 들지요. 그동안 책을 읽으면서 재미 말고, 책을 찾아 읽게 만들었던 이유들을 나름대로 정리해 봤습니다.

육아와 일상에 지쳤을 때 위로가 되는 독서

엄마의 삶은 참으로 바쁩니다. 아이가 생기면서부터 엄마는 자신의 영역을 희생하며 아이를 돌보게 됩니다. 남편과 균등하게 나눴던 가사 노동도 아이가 생기는 순간, 그 평형을 유지하기 힘들어지지요. 젖이 불면 움직여서 먹여야 하고, 이유식도 해 먹여야 하니까요.

저 역시 가사 노동의 심리적 평행선이 첫 아이를 낳으면서 무너졌습니다. '애 밥을 먹여야 하는데 언제까지 남편과 가사 노동 문제로 신경전을 벌여.' 하는 마음이 들더라고요. 애를 위해 나를 내려놓게 된 거죠.

그 작은 희생과 포기부터 엄마의 삶이 시작되는 거고, 고단함도 시작되는 거라 생각해요. 엄마이기 때문에 받아들여야 하는 마음고생과 갈등이 있어요. 아이를 어떻게 돌봐야 할지 고민될 때, 마음이 지치고 힘들 때 주변에 항상 도움받을 사람이 있는 건 아니더라고요.

저는 이때 심리학 서적의 도움을 많이 받았습니다. 육아서는 계속 애들 중심의 애기가 나오는데, 저는 제 마음을 돌아보고 싶었거든요. 그래서 심리학 서적을 많이 읽었습니다. 육아가 자신 없고, 내가 잘 살고 있는 건지 헷갈릴 때, 마음이 많이 힘들고 지쳤을 때, 그 책들이 큰 위로가 됐지요.

인생의 돌파구가 필요할 때 힘이 되는 독서

직장인들이 자기계발서를 많이 읽는다고 들었어요. 그런데 저는 자기계발서가 매력적으로 느껴지지 않더라고요. 뭐를 하라, 이렇게 바꿔라 하는 말이 대부분인데, 그걸 무슨 재미로 읽나 싶었지요. 한데 이런 생각도 상황이 달라지니 변하더라고요.

우연히 책에 관한 자기계발서를 읽게 됐는데요, 너무 재미있고 충격적인 거예요. 그래서 그 책을 시작으로 자기계발서를 찾아 읽게 됐습니다. 그때가 제 인생의 변곡점을 지나는 시기였어요. 예전의 제가 웅크리고 있던 새였다면, 이 시기를 겪고 나서는 하늘로 날아오를 수 있게 되었다고 할까요?

날개를 접고 가만히 앉아 있던 저에게 자기계발서가 큰 힘이 됐습니다. 필요했던 시기에 때맞춰 도움을 준 것 같아요. 그때 읽었던 자기계발서들이 정신력 강화에 많은 도움이 됐고, 새로운 도약을 할 수 있는 발판이 되어주었답니다.

폭넓은 사고를 길러주는 독서

독서를 하면 나와는 다른 생각을 접하게 돼요. 생각지도 못했던 발상을 듣고 놀라거나, 내 입장과 전혀 다른 이야기인데도 푹 빠져들어 읽게 되는 경우도 있지요. 내 머릿속에 굳어진 생각의 틀을 깨주는 게 독서예요. 이런 독서의 효능은 독서의 전 과정에서 일어납니다.

앞에서 이동진 평론가의 얘기를 했었는데요, 있어 보이려고 독서한다는 그분의 말씀은 기존의 제 생각을 흔들어 놓았어요. 이동진 평론가의 책을 읽지 않았다면, 그분의 그런 생각을 접할 수 없었을 거고, 그렇다면 전 여전히 제 생각만 옳다고 여기며 살았을 겁니다.

에세이, 인문서, 실용서 등 분야를 가리지 않고, 책은 폭넓은 사고를 할 수 있게 이끌어줍니다. 편협한 자기만의 세계를 흔들어주는 책, 그런 책을 많이 만날수록 유연한 사고의 힘이 길러지는 것 같아요.

책을 꾸준히 읽다 보면요. 책들이 자꾸 자신에게 말을 걸어옵니다. 때론 그 설득에 넘어갈 때도 있지요. 그렇게 책의 목소리에 귀 기울일 때마다 딱딱한 생각의 프레임이 깨지고, 말랑말랑한 사고가 가능해집니다.

내면의 심지를 강하게 만드는 독서

흔들리지 않는 중심, 바로 내면의 심지겠지요. 어떠한 상황이든 동요하지 않고 평정심을 유지할 수 있는 내공은 근원적인 것에 대한 배움과 깨달음을 통해 키울 수 있습니다.

도움이 되는 외부 자극 하나 없이 나 혼자 오롯이 세상을 살아간다면, 많이 힘들고 계속 흔들릴 거예요. 무엇이 맞는 것인지, 어느 방향으로 가야 할지 고민의 연속이라면 일상 자체가 혼란스럽고 괴롭겠지요.

저는 책이라는 외부 자극을 통해 계속해서 삶의 에너지와 지혜를 얻고 있습니다. 그것이 내면의 자아가 외부 환경에 흔들리지 않고, 위기에 대응할 수 있는 힘이 되어주는 것 같아요. 책이 저를 단단한 사람으로 만들어주고 있다고 느끼거든요.

아직은 저도 내면의 심지를 만들어가고 있는 상태라 많이 부족하지만, 그래도 책이라는 더할 나위 없이 좋은 자극제를 알고 있다는 것이 행운이라고 생각합니다.

책을 왜 읽는가? 주변 지인들 중에 세 분을 골라 같은 질문을 던져 봤습니다. 초등학생 자녀를 둔 30대 여성, 직장을 다니는 40대 여성, 개인사업을 접고 집에서 쉬고 있는 50대 여성, 이렇게 세 분이요. 차례대로 자녀 교육에 관한 정보를 얻고 싶어서,

여가와 관련한 정보를 얻기 위해서, 다른 사람의 생각을 알고 싶어서 책을 읽는다고 대답하시더군요. 책을 읽는 이유는 이렇게 천차만별입니다.

독서를 시작하려는 여러분, 여러분은 책을 왜 읽으려고 하세요? 스스로 답이 찾아지시나요? 한 번 천천히 생각해 보세요.

나는 왜 책을 읽으려 하는가?

그 이유를 생각하다 보면, 성장 독서에 대한 불씨가 타오를 거예요.

아이가 알아서 책을 읽게 만드는
엄마의 지혜

책을 좋아하는 아이

책을 사랑하는 아이

매일매일 책을 읽는 아이

스스로 책을 찾아서 읽는 아이

내 아이가 이랬으면 얼마나 좋을까요? 모든 엄마들의 공통된
마음이지요. 저 역시 그렇습니다. 저는 교사지만, 정작 제 아이
에게는 공부를 열심히 시키지 않는 엄마예요. '때가 되면 자기가
알아서 하겠지.'라고 생각해요.

이런 엄마지만, 제가 정말 중요하게 여기는 게 있는데요, 바

로 독서습관입니다. 다른 엄마랑 얘기하다가도 독서습관이라는 말이 나오면 고개를 끄덕이며, '독서습관은 정말 중요해요.'라며 열변을 토하지요. 저는요, 아이가 어릴 때부터 하루 10분씩 꾸준히 독서하는 습관을 들이게 해줘야 한다고 생각해요.

저는 제 아이들이 책맛을 알기를 진심으로 바랍니다. 이왕이면 한 살이라도 더 어릴 때 말이에요. 제 인생에서 가장 아쉬운 게 어려서부터 책을 많이 읽지 못한 거거든요. 그래서 아이들이 책을 좋아하도록 많이 노력했어요. 그 노력은 지금도 계속되고 있답니다.

아이가 책을 좋아하게 만들기 위해선 접근방식이 중요해요. 아이가 책 읽기를 강요로 받아들여서는 절대 안 돼요. 학교 다닐 때 독후감 숙제가 싫었고, 지정해준 책을 읽어오라는 게 참 싫었습니다. 숙제가 되는 순간, 하기 싫은 일이 되어버리니까요.

제가 추구하는 방향은 놀이입니다. 필독서라는 말보다는 '책맛'이라는 말을 좋아하고요, 즐기는 독서를 지향해요. 학교에서 학생들에게 독서지도를 할 때 저의 기본 철학은 '자기에게 재미있는 책이 가장 좋은 책이다'입니다. 이런 접근방식이 책과의 거리를 좁히고, 아이를 성장시킨다고 생각하지요.

자신에게 맞는 독서를 하다 보면, 점점 독서의 폭이 넓어지고 깊어져요. 그 시작은 흥미가 되어야 해요. 흥미를 일으키는 가장 기본적인 방법은 '자발성'입니다. 교육학에서 흥미는 학습 동기를 유발하는 중요한 요소 가운데 하나지요. 호기심을 느끼고 스스로 그것을 선택하게 만드는 것만큼 좋은 방법은 없어요.

그럼 본론으로 들어가 볼까요? 놀이, 자발성, 책맛 다 알겠는데 그걸 어떻게 끌어내느냐, 이게 문제입니다.

일단 환경 조성이 중요해요. 재미있는 책을 많이 접할 수 있는 환경 말이지요. 그런 분위기를 만들기 위해서는 부모의 노력이 일정 부분 필요합니다. 시간과 정성을 들여야 하지요. 때론 돈도 들어가고요.

유아기 아이들은 동화책을 좋아합니다. 부모가 읽어주는 책과 건네주는 책, 책장에 꽂혀 있는 책들을 읽게 되죠. 동화책은 금방 읽기 때문에, 많은 책이 필요해요. 현실적으로 그 많은 책을 다 구입하긴 어려우니 도서관에 가서 책을 빌리지요. 그래서 엄마 아빠가 부지런해야 해요.

한 사람당 5권씩 가족 수만큼 동화책을 매주 빌려오는 거예요. 그리고 책을 아이 눈에 잘 보이는 곳, 손이 잘 닿는 곳에 쭉 진열해놓습니다. 아이가 책을 읽어 달라고 하면 등장인물처럼 목소리를 꾸며서 실감 나게 들려주고요.

유아기 때는 보통 이 정도만 부모가 노력하면, 충분히 책을 좋아할 수 있어요. 만약 아이가 책에 흥미를 못 느끼는 것 같다 싶으면, 엄마 아빠가 더 발품을 팔아야 합니다. 도서관에 있는 동화책을 많이 읽어보고, 그중에서 아이가 재미있게 읽을 만한 책을 골라다주는 것도 좋은 방법이고요, 도서관에 자주 아이를 데려가서 아이가 직접 책을 고르게 하는 것도 좋습니다.

아이가 초등학생이 되면 조금씩 고민이 생깁니다. 초등학교 저학년까지는 그래도 스스로 동화책을 찾아 읽어요. 하지만 고학년이 되면서부터 만화류를 찾기 시작합니다. 학습 만화책만 읽는 아이를 보며 엄마들의 고민이 깊어집니다. 글밥책은 쳐다도 안 보니까요.

그 시기 제 아이들도 그랬어요. 저는 아이들에게 "만화책 읽어도 돼. 근데 글밥책도 읽어."라고 했지요. 만화책에는 스토리가 있어요. 만화책을 많이 읽으면 스토리 구성력이 생기지요. 쉽고 재미있게 이야기 상황을 이해할 수 있고, 학습 지식도 얻을 수 있어요. 하지만 만화책만 읽는 건 반대합니다. 글밥책을 꼭 함께 읽어야 해요.

글밥책만의 이점이 분명 있습니다. 글밥책을 읽어 버릇해야 줄글 읽을 힘이 생기고, 복잡한 문맥의 이해 능력이 생깁니다.

이때 아이들이 글밥책을 읽도록 제가 쓴 방법은요, 매일 엄마와 함께 책을 읽는 거였습니다. 저는 아이들이 글씨를 읽을 수 있는 유아기 때부터 그래왔습니다. 솔직히 말해 이 부분은 약간의 강요가 작용한 건데요, 이것을 어떤 분위기 속에서 어떤 방식으로 실행하느냐에 따라 반응이 달라진다고 생각해요.

아이가 싫어해서 튕겨 나갈 정도가 되면 안 됩니다. 엄마 나름의 노하우를 써서 자기 아이를 달래고 구슬려 가면서 계속 해 나가는 것이 중요해요. 어렵긴 해도 방법을 찾아야지요. 유아기와 초등학년 시기에 매일 엄마와 함께 책을 읽어서 독서습관이 형성된 아이는 중학생이 되어서도, 고등학생이 되어서도 책을 읽는답니다.

아이가 이미 커버린 집은 어떻게 하냐고요? 초등학교 때도 같이 읽지 않았는데, 뜬금없이 중학생 아이에게 엄마랑 같이 독서를 하자고 하면 어떨까요? 아이에 따라 반응이 다를 수 있지만, 한창 사춘기를 보내고 있다면 사실상 힘듭니다. 강요해 봐야 아이와 관계만 안 좋아질 뿐이지요. 만일 아이가 엄마의 제안을 수용하는 분위기라면, 그 집은 다행이네요. 그런 경우 함께 독서를 하면 됩니다. 매일 10분씩 같이 앉아서 독서를 하는 거지요. 아이가 읽고 싶은 글밥책으로요.

엄마 아빠가 어떤 책을 지정해주고, 그 책을 읽으라고 하면 아이는 독서를 싫어하게 될 수 있어요. 10분을 앉아 있는 것도 힘든데, 책까지 자기가 원하지 않는 것을 읽어야 한다고 생각해보세요. 당연히 반발심이 생기지요. 그 반발심이 괜히 책으로 옮겨가 책도 싫어지고요. 그러니 책은 아이가 읽고 싶은 것을 읽도록 선택권을 주세요. 그것만으로도 성공입니다.

그렇다면 아이가 사춘기라 책을 읽자는 말도 못 꺼낼 상황이라면 어떻게 해야 할까요? 그렇다고 아이의 독서교육을 포기할수는 없잖아요. 이런 경우 두 가지 방법을 말씀드리고 싶습니다.

일단 엄마 아빠가 텔레비전을 끄고, 핸드폰을 내려놓고, 책읽는 모습을 보여주는 겁니다, 매일이요. 그렇게 몸으로 직접 보여주는 겁니다, 책이 중요하다는 것을요. 내 아이가 책을 읽었으면 좋겠다는 바람을 행동으로 보여주는 거지요. 아이들은 안 보는 척, 관심 없는 척해도 다 봅니다. 그리고 보이지 않게 영향을 받아요.

또 하나의 방법은 아이가 재미있게 읽을 만한 책을 매주 2권씩 사서 집 여기저기에 두는 겁니다. 절대 아이에게 읽으라고 강요하지 말고요. 책에 대해선 입도 뻥긋하지 않고, 그냥 책을 사서 집 안 곳곳에 두는 거예요. 그리고 때론 엄마 아빠가 그 책을 읽기도 하고요. 재미있게 읽는 엄마의 모습을 보면, 어느 날 아이가 다가와 이렇게 물을 겁니다.

"뭐가 그렇게 재밌어?"

그때 넌지시 얘기하는 거지요.

"이 책 재밌어. 너도 한번 읽어볼래? 진짜 웃겨."

이렇게요.

내 아이가 책을 좋아하는 아이로 자라게 하고 싶으신가요? 그럼, 먼저 책을 읽으세요. 책이 진짜 재미있고 유익하다는 것을 엄마가 직접 체험해 봐야 해요.

아이를 위한 가장 좋은 교육은요, 엄마 아빠가 해 보고 본인이 좋다고 느낀 걸 아이에게도 권하는 교육이에요. 아이들은 알아요. 그게 진짜 재미있어서 권하는 것인지, 그저 남들이 하니까 권하는 건지를요.

그동안 아이에게 책 좀 읽으라고 했던 잔소리를 자기 자신에게 돌려보는 게 어떨까요?

엄마를 위해서, 아이를 위해서, 우리 가정을 위해서요.

엄마 성장 독서의
첫걸음

세상에서
가장 좋은 책

"선생님, 무슨 책 읽어요?"

"네가 읽고 싶은 책을 읽어."

"저는 읽고 싶은 책이 없어요."

"정말? 책 구경 좀 하고, 가장 마음 가는 책을 골라봐."

"진짜요? 아무 책이나 읽으면 돼요?"

"그럼, 글밥책이기만 하면 돼."

중학교 교실에서 실제 독서를 지도할 때의 장면입니다. 학생들에게 읽을 책을 골라 보라고 하면, 몇몇 학생은 없다고 대답합니다. 왜 없을까요? 일단은 책 구경을 하지 않았기 때문이지요.

또 다른 이유는 '좋은 책'을 읽어야 한다는 생각 때문이지요.

아이가 책은 거들떠보지 않고 게임만 하는 것, 무슨 책이든 여하튼 책을 보고 있는 것, 둘 중에 하나를 골라야 한다면, 어느 쪽이 더 좋으세요? 저는 아이가 뭐든 책을 읽고 있는 것이 좋습니다. 어떤 책이든지 간에 우선 글을 읽고 있다는 것 자체로 만족해요.

독서에는 단계가 있습니다. 사람마다 걸음이 다르듯이요. 모두가 좋은 책이라고 해도 내가 읽었을 때 어렵기만 하면, 그 책은 남들에게나 좋은 책이지요. 다른 사람에게 감동적인 책이었다 해도, 내가 읽었을 때 전혀 공감할 수 없다면, 그 책은 좋은 책이 아닙니다. 적어도 본인에게는요.

책이 좋다, 별로다의 기준은 철저히 자기 기준에 따라야 한다고 생각해요. 자기한테 의미 있고, 재미있고, 인상 깊었던 책이 좋은 책입니다. 책을 읽으면서 눈물을 흘리고, 자신의 삶을 돌아보고, 내면까지 들여다보게 된다면 그 책은 훌륭한 책이라고 말할 수 있지요.

우리는 각자 자기만의 스타일이 있습니다. 개성이라고 하죠. 살아온 환경과 쌓아온 경험이 다 다르기 때문에 저마다 자신의 스토리를 갖고 있어요. 학교에서 아이들을 보면, 좋아하는 책이

다 달라요. 어떤 아이는 추리소설을 좋아하고, 또 어떤 아이는 역사책만 골라 읽습니다. 그 아이들이 읽고 있는 책이 권장도서나 고전이 아니라고 읽지 말라고 해야 할까요? 저는 절대 아니라고 생각합니다.

청소년 권장도서나 고전도 물론 좋지요. 그러나 저는 저만의 기준으로 책 읽기를 권장합니다. 그 기준은, 바로 '본인이 좋아하는 책'입니다. 단, 글밥책이라는 단서는 꼭 붙이지요. 학교 독서 시간에 만화책은 제외시킵니다. 만화책은 그냥도 워낙 잘 읽으니까요. 하지만 글이 많은 책은 잘 안 읽지요. 그래서 글밥책을 읽는 습관이 생길 수 있도록 만화책은 잠시 빼놓습니다.

제가 수년간 독서지도를 하며 느낀 점은 아이들은 자기가 읽고 싶은 책은 몰라도, 읽기 싫은 책은 정말 잘 알고 있다는 겁니다. 싫은 책을 빼고 고른 책은 집중해서 잘 읽고요. 한 권의 책을 재미있게 읽어낸 아이는 다음 책도 금방 골라내지요. 그 이유가 뭘까요? 정답은 '재미'에 있어요.

독서에 재미를 느껴본 아이는 책 고르는 데 망설임이 없어요. 재미있는 책을 고르면 되니까요. 그냥 자기 취향에 맞는 책을 고르면 되니까 아이 입장에서는 신이 나지요. 실제로 많은 아이들이 독서 시간을 즐거워하고, 독서 시간이 끝나는 걸 아쉬워한답니다. 믿겨지지 않으신다고요? 하지만 진짜입니다. 저는 그 비결

이 바로 '즐거움'인 걸 알아요.

자, 결론이 나왔네요. 좋은 책은요, 바로 여러분이 직접 고른 책입니다. 책을 선택한 순간, 거기에는 자신도 모르는 어떤 이유가 있을 겁니다. 표지가 예뻐서든, 제목이 마음에 들어서든, 읽기에 부담이 없어 보여서든, 그 이유가 뭐가 됐든 간에 자신이 고른 책, 그 책이 좋은 책이에요.

누군가는 이렇게 얘기할지 몰라요. 무슨 국어 선생님이 고전이나 권장도서는 안 읽히고, 아무 책이나 읽으라고 하냐고요.

아무리 좋은 책이라도 읽지 않으면 그만이지요. 각자 읽고 싶은 책을 읽으라 하니, 독서에 '독'자만 나와도 고개를 절레절레 흔들던 아이들이 이젠 알아서 척척 책을 읽어요. 그런 아이들의 모습을 보면 제 방법이 틀리지 않았구나 라는 생각을 합니다. 더구나 아이들이 책 읽는 재미를 알게 해줘서 고맙다고 말할 때면 더 그렇습니다. 뿌듯한 마음도 들고요. 그럼에도 불구하고 걱정이 되는 분들은 이렇게 물어보세요.

"그렇게 아무 책이나 자기 맘대로 골라 읽으라고 하면, 애들이 나쁜 책을 읽지 않나요?"

아닙니다, 진짜. 아이들은 아이들 나름의 지각이 있어요. 그리고 이상한 책은 사실 아이들이 구하기도 쉽지 않지요. 보통 아이들은 그렇게까지 유별나지 않아요. 서점에서 일반적인 경로로 판매되는 책을 읽습니다.

그렇게 계속 읽다 보면, 어느 날 갑자기 남들이 좋다고 하는 책이 좋아지기도 하고, 고전이니 뭐니 하는 어려운 책이 마음에 들어오기도 합니다. 처음부터 남들이 좋다고 하는 책, 추천하는 책을 읽어야지라고 정해놓지 마세요. 재미도 없고 부담만 될 뿐이지요. 그냥 마음이 가는 대로 고르세요.

누가 뭐래도 내가 고른 책이 가장 좋은 책입니다.

좋은 책을
찾아내는 비법

지금부터 책을 읽겠다고 결심했다면 뭐부터 해야 할까요? 당연히 책부터 골라야겠지요.

책을 고르는 방법은 쉽고 간단합니다. 스마트폰으로 검색만 해도 사람들이 요즘 어떤 책을 읽는지, 어떤 책이 새로 나왔는지 알 수 있어요. 대표적으로 온라인 서점이나 책 관련 카페와 블로그만 방문해도 정보가 넘쳐나잖아요. 그것 말고도 팟캐스트 방송, 오디오클립, 소셜미디어 같은 다양한 온라인 플랫폼을 통해서도 책 관련 정보를 쉽게 얻을 수 있습니다.

종종 방송에서도 책 관련 프로그램을 만날 수 있는데요, 〈요즘책방, 책 읽어드립니다〉라는 방송은 독서 인구의 저변 확대에 큰 영향을 주었지요. 여러 사람이 나와서 책을 읽고 대화를 나누며, 시청자들이 책 내용을 이해할 수 있도록 도와주더군요. 이런 방송도 새로운 책과 만날 수 있는 하나의 창구가 되는 셈이지요.

그런데 방송 매체의 특성 때문인지, 프로그램에서 소개하는 책들 수준이 너무 높더군요. 아주 유명하거나 어려운 작품, 또는 전문지식이 가득 담겨 있는 책들이 대부분이더라고요. 한 명의 강사가 책 내용을 이해하기 쉽게 풀어서 설명하는데, 그 강사도 어떤 책은 너무 어려워서 10번을 읽었다네요.

이제 막 책 좀 읽어볼까 하고 마음먹은 엄마들에게 이런 책이 도움이 될까요? 솔직히 아니라고 생각합니다. 강사도 10번을 읽어야 소화가 가능한 책을 이제 막 첫걸음을 뗀 초보 독서가가 읽는다고 생각해 보세요. 그런 책은 방송으로 볼 때는 내용이 어려워도 출연자들의 설명을 들으면 어느 정도 이해가 가지요. 하지만 나 혼자 읽을 때는 버거운 게 사실입니다. 그래서 저는 독서를 처음 시작하는 엄마들에게 방송에서 소개하는 유명한 책을 권하지 않아요.

독서가 익숙하지 않은 분이시라면 지금 내 수준에 맞는 책으로 시작하는 게 좋습니다. 처음부터 너무 어려운 책, 고상한 책을 집어 들면 금방 질리기 마련이에요. 그러고는 '아, 나는 역시 독서랑 안 맞는 사람인가봐.' '난 왜 이렇게 이해력이 부족하지?'라며 한탄합니다. 내가 소화하기 버거운 책을 고르는 것은 독서를 포기하는 지름길이라고 할 수 있어요.

그럼 어떻게 해야 중도 포기하지 않고, 끝까지 읽을 수 있는 책을 고를 수 있을까요? 저는요, 실물을 보는 게 최고라고 말씀드리고 싶습니다. 인터넷으로 검색해 보는 것도 편하고 좋아요. 하지만 실물로 보는 것과는 확실히 차이가 있지요.

재미있는 책을 고르려면 일단 만져봐야 해요. 책장도 넘겨보고요. 특히 독서를 처음 시작하는 분이라면, 직접 책을 골라야 합니다. 그래야 끝까지 읽을 수 있어요. 누가 권한 책보다는 자신이 고른 책이 완독할 가능성이 가장 크지요. 직접 고른 책은 최소한 자신의 읽기 수준을 한참 뛰어넘는, 그런 어려운 책은 아닐 테니까요.

책을 만져보기 위해서는 오프라인 서점을 방문해야겠지요? 이왕이면 큰 서점이 좋겠네요. 동네 서점은 아기자기한 맛은 있지만, 아무래도 오래 머물며 이 책 저 책을 만져보고 책을 고르기에는 눈치도 보이고 불편하니까요. 동네 서점은 나중에 책 읽는 게 일상인 수준이 됐을 때 가면 좋겠습니다.

대형 서점에 가면 베스트셀러 진열대가 있습니다. 거기서 요즘 유행하는 가장 핫한 책들을 구경합니다. 베스트셀러 진열대

주변에는 여러 매대들이 있어요. 소설, 에세이, 여행, 육아 등 분야별로 책들이 진열되어 있지요. 그 책들도 이 책 저 책 들척여 봅니다. 딱히 마음에 드는 책이 없으면 다른 서가로 갑니다.

대형 서점에는 베스트셀러 진열대, 일반 매대 말고 벽 쪽에 빙 둘러져 있는 책장이 있습니다. 이제부터는 발길 닿는 대로, 손길 가는 대로 책을 구경하는 겁니다. 그런 식으로 서점 안을 돌고, 또 도는 거지요.

재미있어 보이는 책, 읽을 만한 책이 눈에 잘 띄지 않을 때도 있어요. 그럴 때는 인내심을 가지고 더 찬찬히 둘러보세요. 우리가 스마트폰으로 이것저것 검색하다 보면 한두 시간은 금방 가잖아요. 마찬가지에요. 그렇게 서점에서 시간을 보내는 겁니다. 아이가 어리다면 엄마가 읽을 책을 진득하게 고르기 어렵기 때문에 되도록이면 혼자 가서 책을 고르시는 걸 추천해요.

시간을 들여 마음에 드는 책을 고르다 보면 생각보다 읽고 싶은 책이 많을 수도 있어요. 어떤 책이 여러분의 마음에 들 것 같으신가요? 저는 보통 평소 관심사가 반영된 책, 특이한 제목의 책, 표지가 예쁜 책, 작가 이력이 끌리는 책에 손이 가더라고요. 사람마다 처한 상황과 취향이 제각각이니까 관심이 가는 책도 모두 다르겠지요.

한 가지 말씀드리고 싶은 것은 서점에 가서 베스트셀러만 달랑 집어 오시지 말라는 겁니다. 베스트셀러가 정말 재미있어 보였다면 상관없어요. 하지만 그저 '남들이 많이 본 책이니까 재미있겠지.' '다들 읽는데 나만 안 읽을 수 없잖아.'라는 생각으로 책을 선택하지는 마세요. 나의 흥미와 취향에 맞는 책이 분명 있으니까요.

자신에게 맞는 책을 찾을 때까지 시간이 아깝다는 생각은 잠시 접어두고, 과감히 투자해 보세요. 우리는 지금 엄마 성장 독서의 첫걸음을 내딛고 있으니까요.

서점에 가서 책을 고르는 것 말고, 다른 방법이 하나 더 있습니다. 바로 주변 사람들의 추천입니다. 여러분 주변에 누군가가 어떤 책을 읽고 내용을 들려줬는데, 그 얘기가 궁금하다면 그 책을 한번 읽어보는 것도 좋아요.

마지막으로 당부의 말씀을 하나 드리자면, 절대로 욕심내지 말라는 겁니다. 초조해하지도 마시고요. 첫술에 배부를 순 없잖아요. 한 단계 한 단계 순차적으로 천천히 나아가면 됩니다.

앞서 말했듯이 어려운 책 말고요, 쉬운 책부터 시작하세요. 읽다가 던져버릴 책 말고, 자신의 수준에 맞는 책을 고르면 됩니다. 그 책이 좋은 책이지요.

책을 펴서 앞, 뒤, 중간 내용을 살펴보고, 느낌이 오면 확 집어 드세요. 바로 그 책이에요. 이왕이면 그런 책을 여러 권 골라서 집에 쌓아두고 보세요. 눈에 보이면 읽게 되니까요.

오프라인 서점에 가서 마음에 드는 책 두세 권을 사 오는 거 어떠세요? 별 거 아니지만 좋은 책을 찾는 비법이랍니다.

성공 독서의 흐름

오프라인 서점 방문 ➡ 천천히 책 구경하기 ➡ 마음에 드는 책 두세 권 고르기 ➡ 잘 보이는 곳에다 책 두기 ➡ 읽기

나만의 아지트,
나만의 힐링 공간

공간에는 그 공간만의 향기가 있습니다. 이 향기는 진짜 코를 자극하는 향기일 수도 있고요, 감정적인 자극에 의해 느껴지는 향기일 수도 있습니다.

여러분이 좋아하는 공간은 어딘가요? 가장 편안함을 느끼는 공간은요? 이 질문에 편안한 침대나 소파를 떠올린 분도 있으실 거고, 식탁 의자를 떠올린 분도 있을 겁니다. 그럼 독서하기 좋은 공간은 어디일까요?

공간에는 각각의 힘이 있지요. 저는 글을 쓸 때 저만의 공간을 찾게 돼요. 사람들이 왔다 갔다 하며 저에게 계속 말을 거는 공간에서는 글을 쓸 수가 없습니다. 그래서 집 안에서 제일 책이 많은 방, 보통 서재라고 하지요. 그 공간에 들어가서 글을 씁니다. 종종 카페도 가요. 적당한 소음이 집중력을 높여주거든요. 서재나 카페에 있을 때 저는 편안함을 느낍니다. 제가 하고 싶은 일에 집중할 수 있는 곳이라 그 공간들을 애용한답니다.

집에서 아이들과 함께 책을 읽을 때는 당연히 독서하기 쾌적한 환경이 마련되어 있으면 좋겠지요. 저희 집에는 책장이 많습니다. 방에도 거실에도 있어요. 독서 시간이 되면 책장에서 각자 자기가 읽을 책을 뽑아 오죠.

여러분은 어떠신가요? 보통 책을 어디에다 보관하세요? 집에 있는 책장은 애들 책으로만 가득 차 있지 않나요? 그것도 애들 방에요. 그 책장에 엄마 책도 꽂아둔다? 저는 좀 불편해서 싫을 것 같네요. 저 같으면 다른 방법을 찾겠어요. 그런데 책장이라곤 아이 방에 있는 게 전부라면 어떻게 해야 할까요?

예전에 제가 그랬어요. 독서 초창기 시절 제 책을 보관할 곳이 없었죠. 그럼 책을 사서 어디에다 두었나 하실 텐데, 저는 식탁 위에 쌓아뒀어요. 눈에 잘 보이게요. 한 10권 정도를 쌓아놓고, 맛있는 간식 빼 먹듯 한 권씩 뽑아서 읽었지요. 책이 쌓여 있는 곳이 바로 제 서재가 되었답니다. 보이지 않는 책장이 있는 서재요.

여러분은 집에 나만의 공간이 있으신가요? 보통은 엄마를 위한 공간이 따로 없지요. 아이들이 자라면 각자의 방은 턱 하니 잘도 내주면서 정작 엄마를 위한 공간은 없어요. 있어봤자 부엌이나 식탁, 이렇게 말하는 경우가 대부분이지요.

누구나 자신만의 공간이 필요합니다. 나만의 공간은 마음에 '쉼'을 주거든요. 엄마한테도 엄마만의 공간이 필요해요. 그러나 현실적으로 방 하나를 오롯이 나만의 공간으로 꾸미기에는 어려움이 있지요. 그럴 땐 엄마인 나는 집 안 어디에서 주로 시간을 보내고, 편안함을 느끼는지 생각해 보세요. 그리고 그 공간을 나를 위한 공간으로 좀 다듬어보는 겁니다. 지금 우리는 독서에 대해 얘기하고 있으니, 책 읽기 좋은 공간을 만들면 좋겠네요.

어느 날 친구 한 명이 이런 얘기를 하더군요. 자기 집에는 책 읽을 공간이 없었다고, 자기 방도 없고 혼자 집중해서 뭔가를 할 수 있는 공간이 아예 없어서 책을 안 읽게 됐다고요. 그래서 자기만의 공간을 만들기로 했대요. 식탁 옆에 예쁜 선반을 만들어 책을 꽂아두었답니다. 그 공간이 친구의 서재가 된 거예요. 평소에는 온 가족이 사용하는 부엌이지만, 자신만의 시간엔 커피 한 잔을 가져다 놓고 조용히 기분 좋게 책을 읽을 수 있는 공간이 된 겁니다.

공간은 중요해요. 만약 집에 편안하게 책을 읽을 공간이 없다면, 그런 공간을 만들어보는 건 어떨까요? 집 상황에 맞게요. 넓지 않아도 돼요. 책을 읽기로 결심했다면 그 공간에 책을 가져다 놓는 겁니다. 책장이 있으면 책장에, 책장을 놓을 수 없다면 선반을 만들어서, 선반도 만들 수 없다면 책상용 책꽂이를 마련해서요. 이도 저도 다 불가능하다면 구입한 책을 한곳에 잘 쌓아두기만 해도 좋아요. 어떤 행태이든 나만의 공간을 마련하는 것부터가 나를 위한 독서의 시작이니까요.

따로 마련된 독서 공간이 꼭 있어야 하냐고요? 물론 없어도 괜찮아요. 그냥 집 안 어디에서든 책을 읽기만 해도 됩니다. 일단은요. 하지만 독서의 효율성을 위해서, 동기 부여를 위해서 공간의 향기를 느낄 수 있는 나만의 공간을 마련할 것을 권하고 싶습니다. 공간이 주는 편안함 속에서 오롯이 자신에게 집중하는 시간은 매우 소중하거든요.

아이 챙기는 거, 그동안 너무 많이 했어요. 이제 엄마인 나를 챙겨보기로 해요. 나는 소중하니까요. 아이도 크면 자기 방을 갖고 싶어 하는데, 우리는 아이보다 더 큰 어른인데도 나만의 공간이 없잖아요.

스스로에게 물어보세요. '집에 나만의 공간이 있다면 어떨까,

카페처럼 편하게 책을 읽을 수 있는 공간이 있다면 어떨까?' 하고요. 아이를 위한 공간이 아닌, 나 자신을 위한 공간에서 매일 독서를 하며 힐링하는 여러분의 모습이 그려지시나요?

집에 책장이 있다면 그 앞에서, 아니면 책을 쌓아둔 곳 앞에 앉아서 책을 읽어보세요. 매일 10분을요. 더 읽어도 좋지만, 처음이니까 무리하지 말고 10분 정도 책을 읽는 거예요. 오늘도 10분, 내일도 10분, 모레도 10분.

하루하루 시간을 지켜서 정해진 장소에서 책을 읽다 보면 그 공간은 나만의 도서관이 됩니다. 그 공간에서는 책을 읽는 게 당연하게 느껴지는 거지요.

그게 바로 앞에서 말씀드렸던 공간의 힘, 공간의 향기랍니다.

산을 옮긴
노인처럼

옛날에 한 노인이 있었습니다. 집 앞에 있는 커다란 산 때문에 오가는 게 불편했던 노인은 이렇게 결심합니다.

"산을 옮겨야겠어!"

그리고 가족들과 함께 산을 옮기기 시작합니다. 노인과 노인의 가족이 매일 흙을 퍼서 나르는 모습을 본 사람이 말합니다.

"이게 무슨 고생이에요. 사람이 산을 옮기다니요? 불가능해요. 그만두세요."

아이고, 그럴듯한 충고이네요. 자, 이 노인은 어떤 결정을 내렸을까요? 힌트는 '우공'입니다. 우愚는 어리석을 우. 네, 모두의 예상대로 노인은 산을 옮기는 일을 멈추지 않습니다. 자기가 죽으면, 자식이 이어서 흙을 퍼 나르고, 그렇게 대대손손 산을 옮기다 보면 언젠가 성공할 거라고 말하지요. 노인의 말을 들은 산신은 깜짝 놀라 옥황상제에게 도움을 청하고, 노인의 우직함에 감동한 옥황상제는 산을 옮겨주었다고 해요.

어디서 많이 들어본 이야기인가요? 네, '우공이산愚公移山'이라는 고사성어 얘기입니다. 왜 옥황상제는 노인의 소원을 들어주었을까요? 어리석다고 남들이 손가락질해도 자신이 마음먹을 것을 끝까지 관철하는 모습, 그 끈기와 정성이 통했기 때문이 아닐까요? 결국 진심과 꾸준함이 상황을 바꾼 거지요.

갑자기 웬 고사성어냐고요? 우공 이야기를 한 이유는 '꾸준함의 힘'에 대해 말하고 싶어서입니다. 여러분은 일주일 동안 하루 1시간 독서하는 것과, 매일 10분씩 독서하는 것 중에 어느 것이 더 좋다고 생각하시나요? 비슷해서 고르기 힘드시다면, 일주일에 2시간과 매일 10분은 어떠신가요?

저는요, 일주일 동안 하루 2시간 독서하기보다는, 10분일지라도 매일 독서하기를 선택하겠습니다. 수치상 시간보다 더 중요한 것은 습관이라고 생각하기 때문이에요. 누군가는 '애개, 겨우 10분?'이라고 말할지도 몰라요. 그러나 '가랑비에 옷 젖는다'라는 속담처럼, 매일 꾸준히 읽다 보면 독서습관이 몸에 배게 됩니다. 그게 중요한 거지요.

물론 2시간을 몰아서 독서하는 것도 훌륭합니다. 안 읽는 것보다야 백번 낫죠. 그런데 평소에는 책을 펼쳐 보지도 않다가 하루 날 잡아 2시간 동안 독서를 한다는 건 쉬운 일이 아닙니다. 책이 아주 재미있지 않은 한 여간 어려운 일이 아니에요.

어찌어찌해서 2시간의 독서 시간을 지켰다고 하더라도 그 시간을 빼기 위해 무리했거나 지루함을 참으며 2시간을 겨우 채운 상황이라면, 그 지겨움이 학습될 가능성이 커요. 당장 다음 주부터 독서 시간을 피하고 싶은 마음이 생깁니다. 그게 사람 마음인 걸요. 그렇게 한두 주 빼먹고 넘어가게 되면 한 달에 한 번, 일 년에 한 번 책을 읽을까 말까 하게 됩니다.

매일 10분 독서도 절대 쉬운 일이 아니에요. 매일 꾸준히 10분씩 책을 읽는다는 건 생각보다 대단한 거예요. 그렇지만 시간에 대한 부담이 2시간보다야 훨씬 짧아 실행하기가 수월합니다. 처음에는 힘들지만, 단단히 마음먹고 습관을 들이면 너끈히 할 수 있어요. 한두 달 정도면 독서습관이 몸에 배지요.

하루 10분은 눈을 딱 감고, 그냥 책을 펴는 겁니다. 그리고 읽는 거예요. 어느 날은 정말 재미있어서 10분이 지나도 더 읽고 싶을 때가 있을 수 있어요. 또 어느 날은 너무 지겹고 무슨 소리인지 하나도 몰라서 읽기 싫은 때도 있을 겁니다.

하지만 걱정 마세요. 왜냐하면 내일 잘 읽으면 되니까요. 내일 다시 10분의 독서 시간이 있으니까 그때 잘하면 되지요. 시간적 부담이 적은 것 외에 매일 10분 독서의 장점이 바로 이것입니다. 날마다 다시 시작할 수 있다는 거요. 그리고 그런 노력이 하루하루 나도 모르게 쌓입니다. 독서 근육으로요.

그동안 책을 멀리했던 분에게는 10분 동안 일정량의 글을 읽는다는 것 자체가 훌륭한 일입니다. 처음부터 너무 큰 욕심을 내지는 마세요. 그냥 딱 10분만 투자하시는 겁니다.

10분이라는 시간은 생각보다 굉장히 긴 시간이에요. 꽤 많이 읽을 수 있어요. 스톱워치를 맞춰 놓고, 딱 10분만 책을 읽는 거예요. 단, 습관 형성을 위해서 10분은 꼭 채우셔야 해요. 그 10분은 누구의 방해도 받지 않고, 오롯이 나를 위한 독서 시간이어야 합니다. 아이가 집에 없는 시간이나 밤늦게, 혹은 이른 아침에 10분 독서 시간을 마련하는 것이 좋겠네요.

제가 좋아하는 속담 중에 '낙숫물이 댓돌을 뚫는다'라는 말이 있어요. 물이 돌을 뚫는다? 말이 안 될 것 같지만, 이 속담은 정말 맞는 말이에요. 물 한 방울, 한 방울의 힘은 별거 아니지만, 쉼 없이 계속해서 떨어지면 단단한 돌에 홈이 파이고 구멍이 나게 돼요. 그게 바로 꾸준함의 힘입니다.

학교에서 학생들에게 독서지도를 할 때도 매일 10분씩 책을 읽으라고 말합니다. 왜냐하면 그게 훨씬 학생들에게 유익하다는 것을 잘 알기 때문입니다. 많이 읽는 것보다 중요한 건 조금씩이라도 매일 읽는 습관이지요.

때때로 교실 현장에서 학생들에게 1시간 정도 독서 시간이 주어질 때가 있어요. 평소 독서습관이 잡혀 있지 않은 아이에게 그 시간이 아주 고역이지요. 너무 지겨운 시간이에요. 몇몇 학생들은 잘 읽지만, 평소 책을 거들떠도 안 본 학생은 지겨워 죽으려고 합니다. 한 번에 많이 읽는 것도 자꾸 하면 습관이 될 수 있지만, 처음부터 너무 질리게 하는 방법은 좋지 않다고 생각해요. 매일 10분씩 책을 읽어서 독서 근육이 생긴 아이들은 1시간의 독서 시간도 지루해하지 않고, 아주 너끈하게 책을 읽습니다.

책 읽는 습관이 들지 않은 아이나 이제 막 자신을 위한 독서를 시작한 엄마나 처음은 같다고 봅니다. 질리지 않게, 하지만 꾸준히, 매일 10분의 시간을 투자해서 무조건 책을 읽는 습관이 필요해요. 그리고 이런 습관을 만들 수 있는 건, 바로 '자기 자신'입니다.

하루 10분. 짧다면 짧고 길다면 긴 시간.

우리 같이 '산을 옮긴 어리석은 노인'이 되어 볼까요?

책 먹는
여우처럼

글씨가 많은 책을 저는 '글밥책'이라고 부릅니다. 만화책은 글밥책이 아니고요, 잡지책도 제가 말하는 글밥책은 아닙니다. 일반 단행본이나 전집류가 제가 말하는 글밥책이 되겠네요.

만화책도 좋습니다. 재미있고, 감동도 있고, 술술 잘 읽히고, 스토리 이해력도 생기니까요. 잡지책도 좋아요. 잘 몰랐던 유명인의 이야기와 인터뷰를 읽는 재미가 쏠쏠하지요. 2~4쪽 분량의 짧은 글이라 가볍게 읽기 좋습니다. 읽는 사람의 호기심을 자극하는 이야기가 주라서 눈을 떼지 못하게 만드는 매력이 있어요.

그런데 잡지책을 읽고 감동을 받은 적이 있으신가요? 인생의 중요한 문제에 대해 철학적으로 고민하게 된 적은요? 저는 아직

까진 없어요. 그러나 만화책의 경우 큰 감동을 받은 적이 있습니다. 강풀의 만화가 그랬지요.

이렇게 장점이 많은 만화책이지만, 글밥책이 줄 수 있는 이점까지 다 갖고 있지는 못하답니다. 바로 독해력 말이지요. 긴 글을 읽고 내용과 문맥을 이해하는 독해력은 만화책을 읽는다고 키워지는 게 아니지요. 그럼 만화책보다 글밥이 많은 책 중에, 재미있고 쉽게 읽히면서 읽는 데 시간이 오래 걸리지 않고 인생에 울림을 주는, 그런 종류의 책이 있을까요?

여러분은 어떤 책이 떠오르시나요? 아마 대부분 '이렇게나 까다로운 조건을 다 만족시키는 책이 어디 있어?'라고 반문하실 것 같은데요. 맞아요, 사실 일반적인 글밥책은 읽는 데 어느 정도 시간이 걸리기 때문에 이 조건에는 맞지 않아요. 그런데 이 모든 조건에 오케이인 책이 하나 있답니다. 바로 동화책입니다, 동화책.

여러분은 동화책이 뭐라고 생각하시나요? 제가 여러분의 대답을 맞춰 볼까요? 애들 책, 쉬운 책, 재미있는 책, 그림 많은 책, 옛이야기…. 열에 아홉은 이런 대답을 하지 않을까 싶네요. 제가 어렸을 땐 집에 동화책이 없었어요. 그래서 못 읽었지요. 어른이 되어서야 동화책을 제대로 접하게 됐습니다. 아이 때문에요.

아이가 초등학교 입학할 즈음 휴직을 했습니다. 손이 많이 갈 때라 아이 옆에 있어 주고 싶었거든요. 하루는 학교에서 보내온 가정통신문을 읽어보는데, 학부모 활동 중에 '책 읽어주는 엄마'가 있으니 신청해달라고 쓰여 있더군요. 다른 활동은 관심이 없었지만, 책엄마 활동은 제 마음을 확 끌어당겼습니다. 일주일에 한 번 오전 8시 40분에 교실로 들어가서 아이들에게 동화책을 읽어주는 일이었지요.

신청란에 동그라미를 쳤고, 그렇게 2년 동안 책엄마 활동을 했어요. 초등학교 1학년부터 6학년까지 전교생을 대상으로 매주 빠짐 없이요. 그러면서 많은 동화책을 읽게 됐습니다. 글밥책만 읽던 국어 교사가 동화책을 만나게 된 거지요.

교실에 가서 20분간 책을 읽어주려면 일단 재미있어야 해요. 그래야 아이들이 집중해서 들으니까요. 그래서 재미있는 책을 찾으러 매일 도서관에 갔어요. 제 아이들을 어린이 책이 있는 방에 풀어놓고, 저도 동화책을 봤지요. 그러면서 깜짝 놀랐습니다.

'동화책이 이런 거였어? 세상에, 정말 훌륭하잖아!'

동화책은 정말 재미있었습니다. 동화책은 정말 웃겼어요. 또 동화책은 너무 가슴 아팠고요, 또 동화책은 참 어려운 진리를 아주 쉽게 표현해내고 있었습니다.

'세상에, 이렇게 어려운 진리를 어쩜 이리 담담하고 쉽게, 아

름답게 표현할 수 있을까.'

'이건 뭐, 한 쪽이 책 한 권 저리 가라네. 이 얄팍한 동화책 한 권이 책 10권이야.'

동화책을 읽으면 읽을수록 감탄이 흘러나왔습니다.

도서관에 가면, 매번 책을 20권씩 빌려다 집 안에 전시를 했어요. 소파, 창틀, 텔레비전 앞처럼 잘 보이는 곳에 책을 진열해 놓았지요. 그리고 매일매일 아이들에게 동화책을 읽어주었어요. 나중에는 제가 읽어주지 않아도 애들이 스스로 동화책 앞으로 가서 책을 집어 들고 읽더라고요.

그때 전 깨달았습니다. 동화책의 재미를요, 그 위대함을요. 동화책이 굉장히 설득력이 있다는 것을 알게 되었지요.

저는 중학교 아이들에게도 종종 수업시간에 동화책을 구연동화로 읽어줍니다. 유아도, 초등학생도 아니고 중학생에게 구연동화를 읽어준다는 얘기는 매우 생소하실 거예요. 저도 그렇게 생각했어요. 사실 이런 시도를 할 수 있었던 데에는 책엄마 활동의 힘이 컸습니다. 읽어보니 동화책은 어린 아이만 읽는 책이 아니더라고요. 어른인 저에게도 이렇게 감동을 주고 쓸모가 있는데, 중학생 아이들에게도 당연히 통하겠다 싶어서 수업시간에 동화책을 읽어주기 시작했지요.

아이들 반응이요? 처음엔 다들 눈을 동그랗게 뜨고 '네? 동화책이요?'라며 깜짝 놀라지요. 하지만 금방 조용히 하고 집중해요. 저는 동화책을 그냥 읽어주지 않고, 책엄마 때처럼 등장인물 목소리를 흉내 내면서 실감 나게 읽어요. 그래서인지 아이들이 금세 몰입합니다.

한 권의 동화책 읽기가 끝나면, 아이들은 박수를 칩니다. 시키지도 않았는데, 모든 반 아이들이 다 그래요. 제 생각에는 중학생 아이들도 향수를 느끼는 것 같아요. 어렸을 때 엄마나 선생님이 동화책을 읽어줬던 기억이 떠오르면서 아련한 그리움이 밀려드는 거죠. 그래서 책 읽어주는 시간을 좋아하는 것 같아요.

동화책을 읽으며 느낀 감동과 배움이 저한테만 해당되는 것은 아니었습니다. 책엄마 활동을 하며 만난 분들 모두가 책을 열심히 찾아 읽는 엄마들이었어요. 엄마들끼리 연대하여 동화책을 읽고, 그 안에서 독서동아리도 만들더라고요. 동화책만 읽는 것도 아니었어요. 동화책을 주축으로 자기가 읽고 싶은 책, 자신을 위한 책도 같이 읽지요.

쉽고, 재미있고, 심오한 주제를 함축하고 있는 동화책. 애들만 읽는 거라 생각하기 쉬운 동화책은 더 이상 아이들만의 전유물이 아니에요. 어른들을 위한 동화책이라는 말이 더는 낯설지 않을 정도로 동화책을 읽는 어른이 많아졌지요.

요즘은 '그림책'이라는 말을 많이 씁니다. 100세 그림책이라는 말도 있지요. 그런데 저는 '그림책'보다 '동화책'이라는 말이 더 좋아요. 그림이 있고, 어른도 읽는다는 의미보다 더 중요한, '동화책'이라는 말이 가진 느낌을 저는 좋아해요. 아이 책이지만 정말 재미있고, 감동적인, 쉬운 책이라는 의미가 더 좋거든요.

글밥책이 재미없고 책장이 잘 안 넘어가서 독서에 심드렁한 분이 있으시다면, 꼭 동화책을 읽어보세요. 하루에 5권씩 읽다 보면, 생각보다 빠르게 그 매력에 빠지실 겁니다.

저는 학교 독서 시간에 책이 잔뜩 꽂힌 카트를 끌고 교실로 들어가는데요, 그 북카트 안에는 동화책도 꼭 들어 있어요. 글밥책이 싫은 애들, 쓱쓱 편하게 책을 읽고 싶은 애들이 동화책을 꺼내 가지요. 동화책을 읽은 애들은 북카트 안에 있는 다른 글밥책도 읽습니다. 동화책이 글밥책으로 이어지는 거지요.

동화책은요, 여러분이 책과 가까워질 수 있게 도와줄 겁니다. 글밥책이 부담되시는 분, 일단 맛있는 동화책 한 권을 아작아작 잡숴보시겠어요? 책 먹는 여우처럼요.

처음부터 끝까지 읽어야 한다는
강박 버리기

모든 책을 끝까지 읽어야 할까요?

아니요.

그럼 책을 읽다 말아도 된다는 말씀인가요?

네.

그럼 책에서 얻을 게 없잖아요?

그 책에서는 그만큼만 얻으면 되지요.

모든 책을 읽다 말라고요?

설마요, 모든 책을 다 읽다 말겠어요.

아이들한테도 그렇게 말씀하세요, 선생님?

네.

세상에는 수많은 책이 있습니다. 죽기 전까지 쉬지 않고 읽어도 절대 다 못 읽지요. 이렇게나 책이 많은데, 읽다가 자꾸 지루해지는 책을 계속 붙잡고 있을 건가요? 그러지 않으셔도 돼요. 재미있고 좋은 책이 얼마나 많은데요, 지루한 책을 억지로 읽기에는 시간이 너무 아깝잖아요.

책은 선택의 폭이 아주 넓어요. 그러니 재미없는 책을 힘들게 잡고 있지 않아도 됩니다. 창피할 것도, 주눅들 것도 없는 일이지요. 그 책이 내 취향에 안 맞는 것뿐이에요

음식을 먹을 때도 맛없는 음식이면 양도 안 줄고, 억지로 먹으면 더 먹기 싫어지잖아요. 그럴 때는 음식을 그만 먹는 것이 현명하지요. 꾸역꾸역 계속 먹으면 체하잖아요. 책도 마찬가지예요. 맛집을 찾아다니는 것처럼 재미있는 책을 고르고, 맛있는 음식을 양껏 맛있게 먹듯이 재미난 책을 읽을 수 있을 때까지 재미있게 읽으시면 됩니다.

많은 분들이 책을 읽으면, 중간에 포기하지 않고 끝까지 다 읽어야 한다고 생각하세요. 그 착실함, 성실함이 독서를 방해하는 요소인 줄도 모르고요. 사실 독서습관이 잘 형성되어 있는 사람이나 내용이 좀 지루해도 진득하니 끝까지 읽지, 보통은 정말 괴로운 일이지요. 책이 지루하다면 바로바로 바꿀 수 있어야 독서가 답답하게 느껴지지 않을 거예요.

우리가 텔레비전을 볼 때도 재미없는 프로그램이 나오면 바로 채널을 바꾸잖아요. 채널을 바꾸고, 또 바꿔도 재미없으면 아예 전원을 끄지요. 책도 그래요. 책이 재미없으면 다른 책으로 바꾸고, 바꿔도 재미없으면 그만 읽으면 돼요. 그러다 다시 생각 날 때 읽으면 되지요.

왜 많은 분들이 책을 잡으면 끝까지 읽어야 한다는 부담감을 가지고 있을까요? 방송 프로그램도, 음식도 취향대로 고르고 즐기면서요. 이상하게 유독 책에 대해서만, 우리도 모르게 '해야 한다'는 강박으로 접근하는 것 같아요.

서점에서 직접 돈을 주고 산 책의 경우 그 강박이 더 심해집니다. 당연해요. 쓴 돈도 돈이고, 들인 발품도 있으니 그 책에 대해 더 성실함을 보이겠지요. 직접 산 책이 재미가 있다면, 참 좋지요. 완독하면 되니까요. 그러나 재미가 없다면, 어떻게 하실 건가요?

보통은 지루하더라도 끝까지 읽으려고 노력할 것 같네요. 여기까지는 저도 그럴 거예요. 빌린 책도 아니고, 돈을 주고 산, 내 책이니 말이지요. 그렇게 꾹꾹 참고 다시 읽기 시작했는데, 읽어도 읽어도 진도가 안 나가고 지루하기만 하다면?

저는 책을 덮습니다. 지루한 걸 억지로 읽어봐야 시간만 아깝지 남는 것도 별로 없다는 걸 아니까요. 독서도 투자라고 생각해요. 돈을 투자하고, 시간을 투자하지요. 대부분 이문이 남는 장사지만, 간혹 그렇지 않은 경우도 있어요. 재미도 없고 얻을 것도 없는 책이라면 시간이라도 벌어야지 싶습니다. 그 시간을 아껴 재미있는 다른 책을 읽는 게 낫지요.

한마디로 나에게 재미없는 책은 '에이, 이 책 너무 재미없어!'라고 투덜대며, 과감히 중도하차 해도 된다는 겁니다. 여기서 재미라는 것은 내용 자체가 재미있다는 의미일 수도 있고, 나에게 유용한 내용이라는 의미일 수도 있어요. 나에게 유용한 내용이 담겨 있어 시선을 붙들어두는 책이라면, 그게 재미있는 책인 거지요. 그런 책은 계속 읽으면 됩니다.

책을 너무 진지하게 대할 필요는 없다고 생각해요. 첫 장부터 한 단락도 놓치지 않고, 꼼꼼히 봐야지 하는 생각으로 책을 읽으면요, 지루한 책이 걸릴 경우 도통 진도가 나가지 않지요. 막힌 부분을 무한 반복해서 읽게 됩니다. 그러지 말고 책을 조금 가볍게 대하자고요. 재미가 없으면 그 부분은 점프하고 읽으면 됩니다. 점프, 점프 하면서 읽는데도 영 재미가 없으면, 편하게 책을 내려놓으세요. 무겁게 이고 가지 말고요.

꾸준함과 성실함, 이런 걸 책을 읽는 데에도 적용하면 한 권의 책을 다 읽을 수 있을지 몰라도 지겨움도 같이 얻을 거예요.

독서에 있어서는 꾸준함과 성실함보다 재미가 우선이어야 한다고 생각해요. 정말 재미있는 책을 만나면 누가 시키지 않아도 알아서 끝까지 내리 읽게 되지요.

혹시 책을 읽기 시작했으면, 죽이 되든 밥이 되든 끝까지 읽어야 한다고 생각하고 계신가요? 그렇다면 조금 여유를 가져보는 건 어떨까요. 완독의 부담감을 내려놓는 거지요. 자신의 흥미를 좇아 책을 골라 읽다 보면, 재미있는 책이 점점 많아집니다. 지식의 폭이 넓어지고 깊어지면서 다양한 분야의 책이 재미있게 느껴지는 날이 오는 거지요.

그렇게 독서가 익숙해지면요, 좀 지루해도 끝까지 버티고 읽어볼 마음이 드는 책도 만나게 됩니다. 지루해서 내가 질질 끌려가는 게 아니라, 그 지루함을 알면서도 내가 중심을 잡고 책을 끌고 가는 그런 책 말이지요. 그런 책은 결국 끝까지 읽어냅니다. 독서 내공이 생기면 그렇게 돼요. 그리고 그 바탕에는 여전히 재미와 흥미가 있지요. 의무감이 아니고요.

초보 독서가들, 독서 내공이 부족한 분들이라면 재미있는 책을 골라 읽으세요. 지루한 책을 붙들고 진 빼지 마시고요. 아니면 재미있는 부분만 골라 읽어도 돼요. 남들이 다 읽길래 두꺼운 책을 나도 따라 샀는데, 너무 지루하다 싶으면 그 책, 차례만 대강 훑어봐도 됩니다. 필요한 부분만 쏙쏙 골라 봐도 되고요. 어디까지나 독서의 주도권은 나한테 있으니까요.

옛말에 '아는 사람이 좋아하는 사람만 못하고, 좋아하는 사람이 즐기는 사람만 못하다'라는 말이 있지요. 책을 읽고 많은 것을 배우고 알고자 하는 사람보다 책 읽는 것을 좋아하고 즐기는 사람이 더 고수일 수 있어요. 그런 의미에서 보자면 의무감으로 읽는 건 하수 중에 하수겠네요.

내가 읽고 싶은 책을, 보고 싶은 대로 즐겨보세요. 이왕이면 편안하고 여유로운 고수의 독서법을 따라 해 보자고요.

현실과 타협하며
책 읽기

독서를 하는 건 쉽지 않은 일이지요. 왜 그렇게 쉽지 않은지 물어봤을 때, 제일 먼저 나오는 대답이 '시간 내기가 어렵다'입니다. 엄마는 너무 바빠요. 할 일이 계속 생깁니다. 직장맘의 경우 퇴근 후에도 숨 돌릴 틈 없이 가정통신문이나 숙제 등 아이의 학교생활을 챙겨야 해요. 저녁도 준비해야 하고, 자질구레한 집안일도 해치워야 하지요. 엄마는 늘 시간이 부족합니다. 독서를 하기가 쉽지 않지요.

이렇게 바쁜데도 독서를 하겠다고 마음먹었다 칩시다. 그렇지만 독서는 평소 하던 일이 아니지요. 안 하던 것, 익숙하지 않은 것을 위해 시간을 내려면 보통 마음이 쓰이는 게 아닙니다.

처음 한두 번은 실행했다가도 얼마 되지 않아 흐지부지되고 말지요. 그러고 나서는 '에고, 모르겠다' 하고는 원래의 생활로 돌아가버립니다.

습관의 힘은 대단해요. 바꿔보겠다고 마음을 먹어도 원래 상태를 유지하려는 관성의 법칙이 작용해 예전 모습으로 돌아가려 하지요. 그래서 독서생활을 유지하는 것이 어렵습니다.

이것 말고도 독서생활을 방해하는 요인은 아주 많아요. 제 주변에 어떤 분은 이렇게 말하세요. 자신의 인생에서 독서는 우선순위가 아니라고요. 하고 싶은 일이 많은데, 독서는 자기한테 당장 필요한 게 아니래요. 필요한 정보가 있을 때 책을 읽으면 좋겠지만, 그때도 책보다는 인터넷이 더 편하답니다. 웬만한 건 인터넷 검색으로 다 해결된다는 거지요.

책에 실린 내용이 인터넷 정보보다 더 깊이 있다는 것을 알고 있지만, 책을 읽으며 재미보다는 지루함을 느낀 적이 더 많아서 잘 안 읽게 된대요. 이분에게는 책이 인터넷에 밀리는 거지요.

현대의 바쁜 일상을 살아가는 우리는 정보를 찾을 때 책보다 인터넷을 더 많이 이용합니다. 정보의 정확성을 떠나 쉽고 빠르니 선호가 그쪽으로 옮겨가는 게 당연해요. 그래도 여전히 책이 가진 장점이 많다고 하니, 읽어야겠다고 생각하지요. 그런데 자꾸 우선순위에서 밀려요. 바삐 돌아가는 세상에서 할 일은 계속 생기고, 책을 읽는다고 당장 밥이 나오는 것은 아니니까요.

중학생 자녀를 둔 어느 엄마의 얘기를 해 볼게요. 그분은 여유가 조금만 있어도 항상 독서할 생각을 하신대요. 그래서 서점에 가서 두세 권씩 책을 사온다고 합니다. 그렇게 만발의 준비를 해놓고 나면, 이상하게 해야 할 일이 꼭 생긴대요. 그러면서 이렇게 말씀하시더군요.

"저는 항상 독서생활을 욕망해요. 하지만 현실이 받쳐주지를 않아요."

독서생활을 방해하는 요인은 정말 많습니다. 모두 다 그럴듯하고 수긍이 가는 이유들이에요. 하루하루 분 단위로 쪼개 쓰는 형편에서 독서를 한다는 건 정말 쉽지 않은 일이지요. 그런데요, 바쁜 와중에도 짬을 내서 책을 읽는 엄마들이 있어요. 그분들이 어떻게 독서생활을 이어나가고 있는지 알아보기로 해요.

먼저 집안일과 독서 중에 하나를 선택해야 할 상황입니다. 이럴 때 여러분은 어떤 걸 고르시겠어요? 대부분의 엄마들은 집안일을 선택하지 않을까 싶네요. 책은 나중에 읽어도 되니까요. 하지만 집안일을 하고 나면 책 읽을 체력도 여유도 없어요. 해도 해도 끝이 없는 게 집안일이니, 책을 읽는 건 내일, 또 모레로 계속 미뤄지지요. 같은 상황에서 독서맘들은 책을 선택할 거예요. 쉬운 결정은 아니지만, 이런 선택이 살림을 하면서 책 한 권을 읽을 수 있는 실천 팁이라고 생각합니다.

다른 엄마들이 살림을 선택할 때, 혼자 책을 집어 드는 엄마에게는 분명 빈틈이 있습니다. 정돈되지 않은 집, 어딘가 꾀죄죄해 보이는 아이, 남편의 투덜거림 등등. 이 빈틈에 초연한 모습을 지닌 사람이 바로 독서맘인 거지요. 어떻게 모든 일을 똑같이 잘 해낼 수 있겠어요. 얻는 게 있으면 잃는 것도 있는 게 당연하지요. 그럼에도 불구하고 잃을 것보다는 얻는 것이 더 중요하기에 그걸 선택하는 거겠지요.

집안일과 독서 중에 양자택일하는 것보다 더 어려운 상황을 생각해 볼까요? 엄마로서 갈등이 생길 수밖에 없는 상황이요. 아이에게 책을 읽어주는 시간과 내 책을 읽을 시간 중에 하나를 선택해야 하는 상황이라고 가정해 봅시다.

온종일 너무 바빴는데, 밤이 됐습니다. 엄마에게는 아이한테 책을 읽어주며 잠을 재우고 싶은 욕심이 있잖아요. 좋은 엄마이고 싶은 우리는 애가 잠들 때까지 책을 읽어주지요. 그러고 나면 엄마의 시간은 정말 없어요.

아이에게 책을 읽어주는 시간을 되도록 많이, 잘 지키고 싶은 것은 모든 엄마의 마음일 거예요. 아이와의 교감 시간이기도 하니 참으로 소중한 시간인 건 맞지요. 하지만 아이에게 한참 책을 읽어주고 나면 녹초가 됩니다. 시간도 늦고, 자기 자신을 위한 시간을 갖기가 정말 힘들어요. 하루, 이틀 정도는 큰 맘 먹고 애책을 길게 읽어주고, 자신의 책도 읽을 수 있겠죠. 하지만 매일 그렇게 할 수는 없어요. 엄마도 피곤하니까요.

이럴 때 독서맘들은 어떤 선택을 할까요? 아이에게 책 읽어주는 시간은 나 몰라라 하고 내 책 읽기부터 할까요? 당연히 아니지요. 독서맘들은 시간을 현명하게 나눠 쓸 거예요. 예를 들어 보통 엄마가 아이와 엄마의 시간을 100:0으로 배분한다면 독서맘들은 70:30, 60:40, 50:50으로 나눌 겁니다. 아이와의 시간도 소중하지만, 엄마 자신에게 쏟는 시간도 소중하니까요. 아이에게 엄마의 모든 시간을 쓰고 나면, 엄마가 쓸 수 있는 시간이 '0'이니 엄마 자신에게 너무한 일이잖아요.

엄마 자신을 위한 투자에는 옷을 사고 책을 사는 경제적 투자 뿐만 아니라 시간적 투자도 포함됩니다. 특히나 엄마의 성장을 위해서는 책을 읽고 공부할 시간이 꼭 필요해요. 잘 압니다. 엄마들이 시간 내기가 정말 쉽지 않다는 것을요. 집안일은 까짓것 하고 밀어버릴 수 있겠지만, 아이에게 책을 읽어주는 시간은 그럴 수가 없지요. 그러나 엄마 자신을 위해서 시간을 적절히 안배하는 것은 가능하지 않을까요?

책을 읽겠다고 마음먹은 초보 독서가를 위해 한 가지 유용한 팁을 드리자면, 처음에는 부피가 얇은 책을 고르라는 겁니다. 이왕이면 술술 읽히는 쉬운 책으로요.

초보 독서가의 경우 책 읽는 속도가 느려요. 보통 한 권의 책을 3~4주에 걸쳐 읽습니다. 그러다 보면 앞의 내용을 잊어버려서 책 내용이 헷갈립니다. '책을 읽긴 했는데, 무슨 내용이었는지 도통 기억이 안 나.'라는 말이 나오게 되지요. 그러니 독서에 서툰 분이라면, 두꺼운 책보다는 얇은 책을 고르는 게 좋습니다. 2주 정도면 다 읽을 수 있는 책을 선택하는 게 좋아요.

손이 많이 가는 나이대의 아이를 둔 엄마가 자신을 위한 책을 읽는다는 건 정말 큰 결심이 필요한 일입니다. 남들이 가지 않는 길을 선택하는 것이기도 하고요.

그러니 완벽하지 않아도 돼요. 책을 읽겠다고 마음을 먹은 것 자체가 훌륭합니다. 자투리 시간을 이용해서 독서를 하려고 책을 들고 다니는 노력, 남들과 다른 길을 가는 용기와 결심, 아이를 돌보는 시간과 독서 시간의 안배, 이런 단계를 밟으면서 책을 읽으려고 노력하시는 분은 분명 한 권의 책을 완독하는 독서맘이 되실 거예요. 그 엄마께 박수를 보내드립니다.

오늘도 책을 펴는 당신, 참 멋져요.

3장

독서생활을
지속하는 방법

마음의 곳간
채우기

어렸을 때는 '우리 집이 슈퍼였으면' 하고 바랐어요. 먹고 싶은 걸 실컷 먹을 수 있을 거란 생각에서 말이지요. 제 아이들은 '우리 집이 문방구였으면' 하고 바라더군요. '우리 집이 ○○였으면' 하고 바라는 마음은 다 똑같나 봐요.

둘 다 초등학교 저학년까지 문방구에 가는 걸 너무 좋아해서 돈이 200원만 생겨도 문방구로 달려갔어요. 그런 아이들의 모습을 보며 '그래, 그게 욕구인 거지. 욕구.'라는 생각을 했지요.

제가 어렸을 땐 생활이 풍족하지 않았기 때문에 먹는 것에 대한 욕구가 있었어요. 그래서 '우리 집이 슈퍼였으면' 하고 바랐지요. 그런데 어른이 되고 아이들을 따라 문방구에 갔는데, 저도 문방구가 그렇게 좋은 거예요. 잘 써지는 색연필을 여러 개 사고, 예쁜 수첩도 사게 되고 말이지요. 아이들만 욕구가 있는 게 아니라 어른인 저도 물건에 대한 욕구가 있었던 거죠.

모든 욕구를 다 충족하는 삶은 없습니다. 부모 마음이야 아이들이 원하는 걸 다 해주고 싶지만, 현실적으로 불가능하지요. 또 갖고 싶은 걸 다 가져도 병이 될 수 있다고 합니다. 모든 걸 다 들어줄 수 없기 때문에 적절한 욕구 좌절과 욕구 지연이 필요하지요. 반대로 기본 욕구가 너무 채워지지 않아도 문제입니다. 아이에게 욕구 불만족과 박탈감을 느끼게 하는 것도 좋지 않으니까요. 한마디로 적절한 욕구 충족이 중요해요.

사람은 보통 원하는 물건을 소유할 때, 그것을 위해 소비할 때 만족감을 느낍니다. 적절한 소비, 특히 경험에 대한 소비는 자신이 귀한 사람이라는 느낌을 갖게 해준다고 해요. '자존감'이라는 말을 많이 하지요. 자신을 존중하고 사랑하는 마음이 바로 자존감 self-esteem 입니다.

자존감을 키우는 방법 중에 '자기 격려하기'라는 것이 있어요. 있는 그대로 자신의 모습을 인정하고 수용하며, 발전 가능성을 격려하는 것이 자기 격려하기입니다. 심리적 지지와 알아주기는 물론이고, 발전 가능성을 실질적으로 격려하기 위해 물질적 지원을 해주는 거지요. 그동안 애썼다고, 잘했다고 자신한테 칭찬 선물을 하는 거예요. 자기 자신을 경제적으로 지원하고 보살피는 일은, 실제적이고 적극적인 자기 격려하기의 한 방법이에요.

아이를 낳고 나서 한동안 기분이 울적했던 적이 있습니다. 하루는 기분 전환을 하러 백화점에 갔어요. 어릴 때부터 아껴 쓰던 생활 습관이 몸에 배어 있어서 정말 필요한 물건 말고는 사지 않기 때문에 그날도 눈으로만 쇼핑을 하러 갔지요. 그런데 정말 마음에 드는 가방이 있는 거예요. 그 가방을 집었다 내려놨다 몇 번을 했는지 모릅니다. 그러다 결국 '확' 샀지요.

제가 기억하는 한 저를 위한 첫 소비였습니다. 필요에 의한 소비가 아닌, 욕구에 의한 소비의 첫 기억이요. 얼마나 기분이 짜릿하고 좋던지, 아직도 그 기억이 생생합니다. 우울했던 것도 확 풀렸고요. 그때 알았습니다. 욕구에 의한 소비가 날 행복하게 할 수도 있다는 것을요. 자신의 욕구를 스스로 챙겨주는 것은 자기 보살핌이고, 이런 보살핌은 자존감을 높여줄 수 있거든요.

서두가 굉장히 길었네요. 무슨 말을 하려고 제 이야기를 이렇게 길게 했냐 하면요, 바로 '책에 대한 욕구' 때문입니다. 책은 물건입니다. 그러나 생활하는 데 필수적인 물건이냐고 물으면 대부분은 그렇지 않다고 대답할 거예요. 그렇다면 소유욕이 마구 생기는 그런 물건인지 묻는다면 그것도 아닙니다. 책을 정말 좋아하는 몇몇 사람을 제외하면요.

결론적으로 생활에 당장 필요한 물건도 아니고, 너무 갖고 싶은 욕구가 일어나는 물건도 아닌 것이 바로 책이네요, 책. 그래서일까요? 다른 것보다 책에 쓰는 돈을 아끼는 분이 참 많은 거 같아요. 특히 엄마들은 더요. 아이 책은 팍팍 사주면서 자신을 위한 책을 구입할 때는 한참 망설이지요.

아이도, 남편도, 부모도, 친구도 다 소중하지만, 그래도 내가 가장 아껴야 할 사람은 일단 나 자신입니다. 내가 건강하고 행복해야 주변 사람들에게 사랑의 에너지를 줄 수 있지요. 내 마음이 지옥인데 무슨 사랑을 베풀겠어요. 일단 내 마음이 행복하고 풍요로운 게 먼저지요.

옛말에 '곳간에서 인심 난다'라는 말이 있습니다. 잘 살고 풍요로워야 다른 사람에게 베풀 수 있다는 말이지요. 잘 살고 풍요롭다의 기준이 꼭 물질만을 의미하지는 않아요. 마음이 부자인 것, 마음이 풍요롭고 행복한 것, 이런 상태의 사람이 바로 '곳간'을 갖고 있는 사람입니다. 양식이 그득그득 쌓여 있는 곳간이요.

'책은 사람을 만들고 사람은 책을 만든다'라는 말, 한 번쯤은 들어보셨을 겁니다. 저는 이 말이 정말 맞는 말이라고 생각해요. 책은 사람은 만듭니다. 책 없이도 살 수 있고, 꼭 가져야 직성이 풀리는 물건은 아니지만, 잘 읽어놓으면 큰 힘이 되지요.

우리는 쇼핑이나 외식, 자녀의 교육비 등 온갖 곳에 돈을 씁니다. 그러나 그 다양한 지출 항목 중에서도 책은 아주 드물지요. 책을 슴벅슴벅 잘 사는 사람은, 원래부터 책을 잘 사던 사람들이에요. 이건 독서 경력과도 상관없는데요, 아주 오랫동안 책을 읽어왔어도 생각보다 책을 안 사시는 분이 많아요. 다독가인데도 의외로 책을 빌려보는 분이 많으시거든요.

그런데 엄마의 성장 독서를 권하는 저는요, 여러분이 꼭 책을 사서 보셨으면 좋겠어요. 빌린 책과 구입한 책은 정말 차이가 커요. 일단 돈을 내고 소유하고 나면, 그 물건에 대한 소유욕이 생기지요. 또 그 물건의 주인이 나니까 내가 보고 싶을 때마다 언제든지 볼 수 있습니다. 내 소유니까요. 하지만 빌린 책은 그럴 수 없어요. 불현듯 인상적이었던 구절이 생각나 그 책을 찾아보고 싶어도 그럴 수 없죠.

저는 여러분이 자신을 위해 책을 살 때만큼은 돈을 팍팍 쓰셨으면 좋겠어요. 책을 소장하면 좋은 점이 정말 많거든요. 내가 보고 싶을 때마다 마음대로 꺼내 볼 수 있고, 메모를 하면서 읽을 수도 있지요. 책은 인테리어 효과도 있고, 나중에 애들이나 남편이 볼 수 있어 교육환경 조성에도 좋아요.

책 구입비를 자신을 위한 투자라고 생각하세요. '난 이 정도는 받아도 돼, 날 위해 이 정도는 써도 돼.' 이렇게 말입니다. '매달 적어도 한 권은 나를 위한 책을 사야지.' 이렇게 생각하는 것도 좋습니다.

자존감을 높여주고, 마음의 곳간을 넉넉하게 해주는 책. 그 책에 욕심을 내보세요. 내가 투자한 만큼, 아니 그 이상의 보상이 돌아올 거예요.

당장에 쓸모가 없더라도, 가지고 싶다는 욕구가 막 일어나지 않더라도 성장의 욕구가 있고 자존감을 높이고 싶은 분이라면 고민하지 말고 지르세요. 나에게 책을 선물하세요. 아이 책 말고 엄마 책을 사세요. 엄마가 행복해야 아이도 행복하고, 엄마의 곳간이 그득그득 차야 아이도 배부른 법입니다.

마음의 울림대로
한 줄 감상

독서를 하고 책 내용을 기록한다는 것은, 참으로 불편한 일이지요. 학교 다닐 때 제일 싫었던 숙제가 일기 쓰기였고, 그다음으로 싫었던 게 독서감상문 쓰기였어요. 다들 저와 비슷한 경험이 있으실 것 같은데요. 책을 읽고 기록을 남기는 일이 즐거운 분은 드물지 않을까 싶네요.

제 친구 이야기를 들려드릴게요. 8년 전부터 자녀와 엄마가 함께하는 독서동아리를 만들어 같이 책을 읽고 있는 친구입니다. 이 모임은 한 달에 한두 번 모여 자신이 읽는 책을 다른 사람에게 소개하고 소감을 발표하는 식으로 진행됩니다.

그런데 어느 날 이 친구가 그러더라고요. 발표까지 할 정도로 열심히 읽었는데, 시간이 조금만 지나도 책 내용이 잘 기억나지 않아 너무 아깝다고요. 그러더니 이렇게 말하더군요.

"자세히 기록하진 못해도, 짧게 메모라도 해야겠어."

그 뒤로 친구는 책을 읽고 나면 꼭 메모를 남겼습니다.

학교에서 독서지도를 할 때, 사실 저는 기록을 안 시킵니다. 독서를 이제 막 시작하는 사람은 책을 읽는 것만으로도 충분하다고 생각해요. 책을 읽고 의무적으로 감상문을 쓰라고 하면, 독서 자체가 싫어질 수 있어요. 그래서 기록은 뒤로 미룹니다. 책 읽는 재미를 잃지 않게 하는 것이 무엇보다 중요하기 때문이지요. 그렇게 몇 달 책만 읽어서 책맛을 좀 알게 되면, 그때 기록을 시킵니다.

여기까지가 일반적인 교실 상황에서 쓰는 방법이고요. 독서 근육이 있어 혼자서도 책을 잘 읽는 학생에게는 기록을 넌지시 권합니다. 오랜 세월 정리한 제 독서기록장을 보여주면서요.

"선생님은 이런 식으로 책 내용을 기록해. 짧게라도 기록을 해두면 기억에 오래 남고, 시간이 지나도 그때의 생각이나 감정을 확인할 수 있어서 좋아. 너도 한번 해 보렴."

그러면 학생들이 깜짝 놀라요. 이렇게나 많이, 오랫동안 기록했냐면서요. 물론 이때도 학생들에게 기록을 강요하지 않습니다. 자신이 하고 싶어서, 필요에 의해 자발적으로 해야 도움이 되니까요.

마찬가지로 독서가 서툰 엄마들에게 책 내용을 기록하라고 권하지 않아요. 독서의 재미를 느끼는 것이 우선이지요. 일단 그냥 읽는 거예요. 재미있게 계속 읽는 거지요.

그러다 문득 사라지는 기억이 아쉽다고 느껴진다면 혹은 나의 독서 결과를 눈으로 확인하고 싶다면, 한 줄 정도 짧게 메모하는 식으로 기록을 남기라고 말씀드리고 싶어요.

부담을 느끼지 않게 우선 한 줄로 시작하는 겁니다. 그 한 줄이 익숙해지면 여러 줄도 가능해져요. 이때 기억해둘 것은 쓰는 게 주가 되면 안 된다는 거예요. 읽는 게 주가 되어야 해요. 어떤 걸 적어야 할지 잘 모르겠다고요? 생각보다 간단해요. 책 제목, 작가 이름, 한 줄 감상 정도면 충분합니다. 여기에 마음에 들었거나 기억해두고 싶은 글귀를 덧붙이면 아주 좋겠네요.

만약 한 줄 감상도 부담스럽다면, 더 쉬운 방법이 있어요. 바로 녹음입니다. 핸드폰에 있는 녹음 기능을 이용해서 책에 대한 소감을 간단히 말하는 겁니다. 편하게 말하고 저장 버튼을 누르면 끝이에요. 정말 간단하고 편리한 방법이지요. 아무래도 글로 쓰는 것보다 말로 하는 것이 접근이 편하니까요. 또 녹음은 한 줄 감상보다 더 많은 감상을 남길 수 있다는 장점이 있습니다. 녹음을 하면 생각보다 말을 많이 하게 되거든요.

저는 책을 읽은 뒤 노트에다 기록하는 걸 선호하지만, 녹음도 종종 합니다. 운전할 때 오디오북을 듣듯이 제가 녹음한 것을 들어요. 2~3년 전에 읽은 책들은, 책 내용과 읽었던 당시의 느낌이나 생각이 가물가물하지요. 그런데 제 목소리로 녹음한 서평을 듣다 보면 그때의 감상이 다시 살아납니다. 신기하게 거의 다 생생하게 느껴져요.

글로 적는 한 줄 감상이 부담되시는 분은 녹음 서평을 시도해 보세요. 처음엔 자기 목소리를 듣는 게 어색할 수도 있지만, 듣다 보면 괜찮아집니다. 재미도 있고요.

혹시 노트에 한 줄 감상을 적는 건 불편해서 싫고, 음성 녹음은 어색해서 싫다는 분이 계실까요? 그런 분은 SNS를 이용해 보세요. 여러분이 주로 사용하는 SNS에 읽은 책과 한 줄 감상평을 남기면 됩니다.

제 경우에는 몇 년 전부터 카톡 프로필에 책 표지 사진과 그 책에 대한 한 줄 평을 올리고 있는데요. 가끔 친구나 주변 사람들이 프로필에 올린 책을 보고, 재미있을 것 같아서 읽어봤는데 너무 좋았다는 말을 할 때가 있어요. 그런 말을 들을 때마다 새로운 책을 또 읽고 한 줄 평을 올리고 싶다는 마음이 샘솟지요.

이렇게 감상을 사람들과 공유하는 것은 계속 책을 읽게 만드는 동기가 되기도 합니다.

만약 남들이 보는 게 부담스럽다면, 프로필을 본인만 볼 수 있게 설정하면 돼요. 언제 어디서건 기록을 남길 수 있고, 또 내가 남긴 기록을 손쉽게 볼 수 있기 때문에 참 좋더라고요. 제 경험상 강력하게 추천하는 방법입니다.

독서 관련 앱을 이용하는 방법도 있어요. 요즘은 잘 만든 독서기록 앱이 정말 많아요. 마음에 드는 책의 페이지를 사진으로 찍어 보관할 수도 있고, 인상 깊은 구절이나 느낀 점을 기록해둘 수도 있어요. 또 월간, 연간 단위로 읽은 책의 목록, 유형, 권수 등 독서 통계를 한눈에 확인할 수 있어 독서하는 사람 입장에서는 정말 편리하지요. 기능이 개선된 앱이 계속 나오고 있으니 잘 검색해 보시고, 자신에게 맞는 걸 선택하면 좋을 것 같아요.

기록 도구야 어쨌든, 한 줄 감상은 가볍게 시작하면 돼요. 책 전체 내용을 한 줄로 압축해 설명할 수 있는, 그런 글을 써야 한다는 생각은 버리시고요. 그냥 내가 하고 싶은 말을 쓰는 거예요. 마음속에서 우러나오는 말을 쓰면 됩니다.

이렇게 책을 읽고 한 줄씩 기록을 남기다 보면, 어느새 제법 쌓인 나의 독서기록을 확인할 수 있습니다. 그럼 뿌듯해지지요.

자기 만족감도 크고요. 눈으로 확인할 수 있는 결과물이 있기에 보람을 느낄 수 있어요.

한 줄 감상의 내용을 뭐로 할지는 자유예요. 느낌대로, 마음의 울림대로 쓰면 됩니다. 인상 깊었던 글귀를 옮겨 적어도 좋고, 내 감정이나 작가에게 하고 싶은 말을 남겨도 좋습니다.

학생들에게 간단하게 한 줄 감상을 쓰라고 하면, 보통 재미있다, 슬프다, 뿌듯하다 같은 말만 적습니다. 처음에는 이것도 나쁘지 않아요. 그러나 왜 그런 감정을 느꼈는지 그 이유를 함께 적어두면 더 좋지요. 예를 들어 '주인공이 장난꾸러기여서 재미있었다' '엄마와 아이가 매일 굶는다는 게 너무 슬프다' '내가 300쪽짜리 책을 끝까지 읽다니 정말 뿌듯하다' 이런 식으로요. 그래야 나중에 기록을 봤을 때 책 내용이 생각나지요.

마지막으로 제 자신에게 다시 물어봅니다. '한 줄 감상평이 정말 쓸모가 있을까, 진짜 힘이 있을까?' 하고요. 네, 맞아요. 쓸모도 있고, 힘도 있습니다.

인간의 기억에는 한계가 있어요. 기록하지 않으면 기억에서 사라집니다. 또 기록은 생각을 정리하는 힘이 있지요. 그러니 번거롭고 귀찮더라도 한 줄 감상으로 독서기록을 시작해 보세요. 책 읽는 보람을 느끼게 해주고, 독서생활을 계속 이어나갈 수 있는 동력이 되어준답니다.

한 줄 감상평 예시

"말을 천천히 하라. 욕망이 빠른 말의 원인이다."

《침묵입문》코이케 류노스케

"명리학에 푹 빠진 정신과 의사의 책"

《명리심리학》양창순

"감옥 생활 6년, 1000권 책을 읽다."

《다시 시작하는 독서》박홍순

"장 발장의 희생, 스스로에게 너무나도 엄중한 양심"

《레 미제라블 5》빅토르 위고

약이 되어줄 나만의
독서기록법

독서기록법에 대해 좀 더 살펴볼까요. 여기에는 조건이 붙어요. 그냥 독서기록법이 아니라 '약이 되어줄' 기록법이여야 한다는 겁니다. 나에게 유용한 독서기록법이어야 한다는 말이지요.

그러려면 자기 자신과 연관 지어 감상평을 남겨야 합니다. 이건 감상의 기본이지요. 책을 읽을 때도, 그림을 볼 때도 작품 자체만 감상하는 것보다 나의 삶과 연관 지을 때 더 풍성한 감상이 이루어질 수 있거든요.

또 하나 중요한 조건은 '나만의' 독서기록법이여야 한다는 건데요. 간단히 말해서 자기 스타일로 작성하라는 말입니다. 어떤 사람은 자유롭게 기록하는 걸 좋아하고, 또 어떤 사람은 주어진

틀에 맞춰 기록하는 걸 좋아하는 사람도 있을 겁니다. 그런데 기록을 계속하다 보면, 자신한테 가장 편하고 좋은 방식이 생겨요. 그게 '나만의' 독서기록법이 되는 거지요.

이해가 쉽도록 저의 독서기록법을 소개해 드릴게요. 저는요, 1000원짜리 캠퍼스 노트에 손으로 독서기록을 남깁니다. 기본적으로 책 제목, 작가 이름, 부제를 적어요. 출판사와 쪽수도 적지요. 읽은 시기도 구체적으로 씁니다. 언제부터 언제까지 이 책을 읽었다는 것을 알 수 있게요. 그리고 '카글'이라고 한 줄 감상을 써요. '카글'이란 '카하고 나오는 감상글'의 줄임말이지요. '이 책을 한 줄로 요약한다면'과 같은 의미입니다. 이 카글이 책에 대한 저의 핵심 감상평인 셈입니다.

책 내용 중에 배울 점이 있거나 기억하고 싶은 글귀가 있으면, 카글 아래 글귀 칸에 적어 둡니다. 글귀에 대한 제 생각과 느낌을 같이 적을 때도 있어요.

다음으로 소감을 기록합니다. 아주 솔직하게요. 누가 보는 게 아니니까 있는 그대로 적습니다. 책을 읽다가 읽고 싶어진 책이 생기면, 그 책의 제목도 적어놓고요. 보통은 읽고 싶어진 책은 그 즉시 구매하는 편입니다. 안 그러면 적어만 놓고 잘 안 읽게 되더라고요.

마지막으로 평점을 매깁니다. 얼마나 재미있고 쉽게 읽혔나, 나에게 어떤 유익함을 주었는가, 얼마나 감동을 주었는가 등을 기준으로 점수를 줘요. 별 5개는 최고, 별 4개는 좋음, 별 3개는 보통, 별 2개는 별로, 별 1개는 비추 이렇게요.

저만의 평점 방식인데, 간혹 어떤 책은 별 5개에 플러스 기호를 붙이고 별 2개를 더 주기도 해요. 6개 없이 바로 7개요. 유익했든, 감동을 줬든, 아주 큰 재미를 줬든 기분 좋은 강렬함과 실질적인 도움을 받았을 때 그런 표시를 합니다.

독서기록 예시

제목	책을 브런치로 먹는 엄마	작가	최선미
		쪽수	248
부제	기적을 만드는 엄마 성장 독서의 시작	출판사	한울림
읽은 기간	2021. 07. 15. ~ 2021. 07. 30.		
카글	엄마 독서를 시작하라, 자신을 돌보는 삶		
글귀	쓸 때도 있고, 안 쓸 때도 있음		
소감	인상 깊은 내용, 저자에 대한 생각, 소감, 내 삶과 연관된 이야기 등을 솔직하게 기록		
읽고 싶어진 책	쓸 때도 있고, 안 쓸 때도 있음		
평점	최고(★★★★★) : 유용. 잘 읽힘		

저는 이렇게 저만의 방식으로 독서기록을 남깁니다. 현재 독서기록 노트가 19권 째인데요, 대략 10년의 세월이 여기에 담겨 있어요. 그 전에는 컴퓨터에 워드 파일로 저장해놨었는데, 이런저런 이유로 다 사라졌고요. 지금 남아 있는 건 19권의 노트가 전부랍니다. 그래도 19권의 노트가 나란히 꽂혀 있는 걸 보면 얼마나 뿌듯한지 몰라요. 보고 싶은 때면 언제든 꺼내 볼 수 있어 좋습니다.

저는 독서일지도 씁니다. 한 권의 책을 다 읽고 나면 일지에 완독한 날짜, 책 제목, 작가 이름, 카글 등을 적지요. 분야도 기록하고요.

매년 12월 말에 그 해에 적은 독서일지를 보면요, 한 해 동안의 독서 흐름이 한눈에 보여요. 이렇게 일지를 남기면 나의 독서 패턴을 파악하기가 쉽지요. 또 독서기록장을 뒤적이지 않아도 한 줄 감상을 바로 찾아볼 수 있어서 좋답니다.

저는 아날로그형 인간이라서 그런지 손으로 쓰는 게 편하지만, 요즘 대부분의 사람들은 디지털 방식을 더 선호하는 것 같습니다. 기록 수단이야 쓰는 사람에 따라 편한 걸 선택하면 되는데요. 저처럼 노트에 손으로 쓰는 게 좋은 사람은 그렇게 하면 되고요, 컴퓨터나 휴대폰에 기록하는 것이 좋은 사람은 그 방법을 쓰면 됩니다. 자신에게 편한 방법이 가장 좋은 독서기록법이지요. 그래야 접근이 쉽고 꾸준히 할 수 있으니까요.

저는 책을 읽고 다음과 같이 기록을 남깁니다. 예시로 보여드린 양식을 참고하셔도 좋고, 자신에게 편한 양식을 만들어 작성하셔도 좋아요. 요즘 학교에서 제작해서 학생들에게 나눠주는 '독서감상문' 책자도 아주 잘 만들어져 있어요. 간단하게 기록할 수 있게 되어 있어서 그 양식을 참고해도 좋을 것 같네요.

독서일지 예시

월	일	요일	책 제목	분야
3	14	금	㉒ 왜 그 음식은 먹지 않을까: 세계의 금기 음식 이야기(정한진), 완독, 95쪽 ● 카글: 식인 풍습, 종교별 금기 음식	지식
3	15	토	㉓ 중국을 이해하는 9가지 관점(우수근), 완독, 92쪽 ● 카글: 중국과 윈-윈 해야 한다.	지식
3	19	수	㉔ 이야기로 풀어쓴 조선왕조실록(유종문) : 완독, 527쪽 ● 카글: 27대왕 519년의 역사, 조선	역사

보통 독서기록은 책을 다 읽고 난 뒤에 한다고 생각하지만 읽는 중간에도 할 수 있습니다. 저는 두 가지 방법을 모두 사용해

요. 간혹 읽는 중간에 뭐라도 적어두고 싶은 책을 만날 때가 있지요. 제가 몰랐던, 기억해두고 싶은 지식이 쏟아져 나오는 책이 그렇습니다. 그런 경우 다 읽고 나서 기록을 하려면 버겁고 빠뜨리는 내용이 많더라고요. 그래서 적고 싶은 마음이 막 올라오거나 쓸 게 많은 경우에는, 그 즉시 노트를 꺼내 적습니다.

이제 어떤 식으로 독서기록을 남겨야 할지 감이 오시나요? 형식은 대충 알겠는데, 무슨 말을 써야 할지 잘 모르겠고, 좋을 글을 쓸 자신도 없다고요? 좋은 글이라…. 좋은 글, 좋은 독서기록이란 대체 뭘까요?

인터넷 서점에 가면 수많은 서평이 올라와 있습니다. 그 서평을 읽고 있노라면, 세상에 글을 잘 쓰는 사람이 이렇게나 많나 하는 생각이 들지요. 하지만 그 사람들과 자신을 비교하며 주눅들 필요는 없어요. 따라 할 필요도 없고요. 내가 쓰는 독서기록은 다른 사람에게 보여주기 위한 글이 아니잖아요? 그러니 편하게 쓰시면 돼요. 아주 단순하게 써도 되고, 횡설수설해도 됩니다. '마음 가는 대로'가 정답이에요.

그 대신에 이 말씀은 꼭 드리고 싶습니다. 자신의 삶과 연관시키는 거요. 감상을 남길 때 책에서 나의 삶, 나의 성격, 나의 고민 등 자신과 연관 지을 수 있는 것을 중심으로 느낀 점을 적어보세요. 단순히 책 내용을 요약, 정리하는 것으로 끝나면 책이 지식으로만 둥둥 떠다니기 쉽습니다.

초등학생의 거칠고 서툰 글을 읽으면서 자신도 모르게 웃음이 터지고 감동을 받을 때가 있잖아요? 글에 아이의 진솔한 속마음이 녹아 있기 때문이지요. 그런 글을 보고 비문이라느니, 맞춤법이 틀렸다느니 하는 얘기는 하지 않아요. 좋은 글에 그런 평가는 필요 없지요. 잘 쓰고 못 쓰고를 떠나 진솔하게 쓴 글이 좋은 글입니다. 그러니 감상글을 잘 써야 한다는 부담은 버리고, 우선 일기라 생각하고 마음 편히 써 보는 게 어떨까요? 자기 검열은 접어두고요.

책을 계속 읽으면 읽는 것에 익숙해져서 독서 근육이 생기듯이 쓰는 것도 자꾸 쓰다 보면 글 근육이 생겨요. 필력이라고도 하지요. 쓸수록 점점 더 좋은 글을 쓸 수 있게 됩니다. 하지만 그런 외형보다 더 중요한 건 진솔한 감상입니다. 자신만의 솔직한 생각과 느낌, 그게 더 중요합니다.

욕을 써도 돼요. 앞뒤가 안 맞고, 똑같은 말의 반복이라도 개의치 말고 진짜 하고 싶은 말을 쓰는 겁니다. 하고 싶은 말을 편히 쓰면 속이 시원해지잖아요. 그런 글이 자기한테 최고로 좋은 글이에요. 문장가가 쓴 독서 서평보다 말이지요. 여러분의 독서 기록은 양식이나 문장이 어떻든 그 자체로 훌륭합니다.

여기까지 많은 말을 했지만 결론은 이거예요.

나에게 맞는, 내가 꾸준히 할 수 있는 방법을 찾아 독서기록을 하되, 내 삶과 연관된 솔직한 감상을 쓸 것!

여러분도 약이 되어줄 나만의 독서기록법을 찾아, 보다 풍성한 감상을 해 보시길 바랍니다.

엄마와 아이가 함께하는
독서기록법

"인생은 과감한 모험이거나, 아니면 아무것도 아니다."

헬렌 켈러 Helen Keller 가 한 말입니다. 이 말이 멋있어서 한동안 책상에 붙여 놓고 매일 봤어요. 제가 그렇게 한 이유는 시각적 효과를 믿기 때문입니다. 시선이 스칠 때마다 한 번씩 다시 읽게 되잖아요. 그때마다 자극을 받으면서 머리와 마음속에 각인시키는 거지요.

다들 한 번쯤은 좋은 글귀나 새해 다짐 같은 것을 적어서 벽이나 책상 같은 데 붙여놓은 적이 있을 거예요. '다이어트 성공' '시험 합격' 'D-day 100일!' 이런 식으로요. 잘 보이는 곳에 떡하니 붙여놓고, 스스로를 다잡기 위해 노력하지요. 그런 거 붙여

놔 봤자 아무짝에도 쓸모없다고 하시는 분도 계시겠지만, 반복 노출은 어느 정도 효과가 있어요. 독서 이야기를 하다가 왜 갑자기 다짐 문구 얘기냐고요? 아이와 함께하는 독서기록에 대해 말씀드리려고요.

아이와 함께 책을 읽어도 독서기록은 아이 따로, 엄마 따로 이렇게 적을 텐데요. 자녀와 독서를 하고 그것을 같이 기록하고 싶은 분도 분명 계실 거예요. 함께 기록을 남기면 꾸준한 독서습관을 길러주는 데도 도움이 될 수 있지요.

아이와 함께 책을 읽고 기록을 남기기 위해 제가 쓴 방법은 아주 단순해요. 준비물도 종이 한 장이면 됩니다. 종이에다 독서기록을 일지 형식으로 간단히 적으면 끝이에요. 부담이 적기 때문에 실천하기 쉽지요. 여기서 중요한 건 이 종이를 잘 보이는 곳에 붙여놓는 거예요. 오고 가며 볼 수 있게요. 수시로 보며 생각할 수 있게요. 다짐 문구처럼 시각적 효과를 노린 거지요.

종이에 한 달 단위의 표를 만들고, 아이와 엄마가 현재 읽고 있는 책을 기록합니다. 매일매일이요. 보통 A4 종이 정도면 31일이 다 들어갑니다. 어딘가 붙여놓고 매일 보려면 종이 사이즈가 너무 커도 부담스럽지요. A4 용지 한 면에 두 명이 딱 맞습니다. 예시 그대로 사용하시려면 아이들용, 엄마용 이런 식으로 출력해서 나란히 옆에 붙여놓으면 돼요.

만약 아빠가 독서기록에 동참한다면 아빠 칸도 만들면 좋겠네요. 하지만 아빠에게 독서를 강요하지는 마세요. 자발적인 참여가 아니면 집안 분위기만 불편해집니다. 아이도 마찬가지예요. 엄마가 할 마음이 있고, 아이도 평소 책 읽는 것을 좋아해 같이 기록을 하고 싶은 상태일 때, 엄마와 아이가 함께하는 독서기록법을 권해드려요.

가족 독서일지 예시(부착용)

2월		아이 1		아이 2		엄마	
		책 제목	간단 소감	책 제목	간단 소감	책 제목	간단 소감
1	월	손도끼	흥미진진	구스범스 3	스릴 짱	인생	슬프다.
2	화	손도끼 (완독)	불쌍하다.	구스범스 3	왜 그러지?	인생	이런 삶도 있어.
3	수	까칠.재석.폭*	쉽고 재밌네.	구스범스 3 (완독)	굿	인생(완독)	정말 최고!
4	목	까칠.재석.폭	애들 이상함	그리스로마 신화	그림이…	참을 수 없는…	특이하네.

*《까칠한 재석이가 폭발했다》

공간이 부족하니까 책 제목, 소감은 간단하게 적습니다. 매일 매일 기록하되, 책을 다 읽은 날엔 책 제목 옆에 '완독'이란 표시를 합니다. 완독은 책을 끝까지 다 읽었다는 뜻이에요. 완독을 적는 날은 짜릿한 기분이 들지요. 저희 집 첫째는 '완독'을 쓰는 날엔 그 칸을 색연필로 색칠합니다. 뭔가 해냈다는 성취감이 드나 봐요.

가족 독서일지를 쓰면, 서로가 서로에게 자극제 역할을 합니다. 자신의 독서 상황을 점검할 수 있을뿐더러 다른 사람의 기록을 확인할 수 있으니까요. 엄마 입장에서도 아이들의 독서 흐름을 한눈에 파악할 수 있어 여러모로 장점이 많지요.

하지만 너무 과하면 오히려 독이 될 수 있어요. 가족 독서일지의 목적은 아이들의 독서를 독촉하는 데 있지 않아요. 기록을 확인해가며 '이것 봐, 이게 뭐야!' 하고 혼내실 요량이면, 아예 가족 독서일지를 시작하지 마시길 바랍니다. 독서일지가 감시의 수단이 되어서는 안 돼요. 감시가 되고 강요가 붙는 순간 아이는 책과 멀어지고 엄마와의 관계만 틀어질 뿐입니다.

아이가 엄마와 함께하는 기분을 느끼는 것이 중요해요. 독서 친구로요. 엄마가 중심을 잡고, 아이와 함께 서로를 격려하며 책을 읽겠다는 마음을 먹었을 때, 가족 독서일지가 도움이 될 거예요. 특히 엄마의 독서기록은 아이에게 좋은 자극이 되지요.

"어, 엄마는 뭐 읽어?"

"엄마보다 내가 먼저 다 읽었다!"

"엄마, 그 책 재미있어?"

이렇게 말하는 아이의 모습을 상상해 보세요.

아이들은 엄마의 독서에 관심이 많아요. 안 보는 것 같으면서도 다 보더라고요. 제 아이들이 그래요. 그러면서 가끔 절 놀라게 하는 말을 한 마디씩 툭툭 던지지요.

제가 《히틀러》라는 책을 읽을 때 일인데요. 초등학교 1학년이었던 아들이 다가와 책의 마지막 장을 확인하더군요. 2권이 세트로 각각 1000쪽, 1200쪽이 넘다 보니 무척 두꺼운 책이었어요. 그래서 몇 쪽짜리 책인지 궁금했나 봐요.

처음엔 쪽수만 궁금해하더니 나중에는 히틀러란 사람이 누구인지 알고 싶었나 봅니다. 어떤 사람인지, 무슨 일을 했는지, 왜 죽었는지 이것저것 궁금한 것들을 죄다 묻더라고요. 한번은 냉면집에 가서 냉면을 먹는데, "엄마, 히틀러 때도 냉면 있었어?" 하고 생각지도 못한 질문을 던지더군요. 생뚱맞지만 얼마나 대단한가요. 일부러 가르친 적도 없는데, 몰랐던 역사적 인물에 관심을 갖게 됐으니 말이에요.

이런 게 바로 엄마 독서가 아이에게 공유되었을 때 일어날 수 있는 일입니다. 엄마 독서는 의도하지 않아도 교육적으로 큰 영향을 발휘해요.

그렇다고 교육적 효과를 위해 두껍고 어려운, 뭔가 있어 보이는 책을 억지로 읽을 필요는 없어요. 엄마가 무슨 책을 읽든지 엄마의 책 읽는 모습을 수시로 접할 수 있다면 아이는 자극을 받아요. 엄마가 무슨 책을 읽고 있는지, 그 책은 어떤 내용인지, 또 얼마나 재미있는지 등 많은 관심을 갖지요.

'책 좀 읽어라!' 하고 잔소리하면서 아이들과 실랑이하지 마시고, 엄마는 그냥 엄마 책을 읽으세요. 이것이야말로 아이가 책을 읽게 만드는 가장 좋은 방법입니다. 여기에 아이들과 함께 매일매일 독서기록을 채워나갈 수 있다면 더할 나위 없겠네요. 가족 독서일지는 엄마에게 자극이 되고, 애들도 엄마의 독서기록을 확인하고 자극을 받는 시너지 효과를 낼 수 있으니까요.

여러분도 자유로운 분위기 속에서 아이와 함께 독서일지를 써 보세요. 서로에게 최고의 책 읽기 친구가 될 수 있답니다.

독서의 결과를 조급하게
바라지 않는 내공

무슨 일을 하든지 간에 순간순간이 모여 하나의 결실이 되지요. 그리고 그 결실도 인생 전체로 보면 하나의 과정입니다. 과정의 합이 인생인 거지요. 독서도 그래요.

독서를 시작한 지 얼마 안 된 어떤 엄마가 있습니다. 1년간 10권을 완독하기로 목표를 세웠고, 성공했습니다. 당연히 어떤 결실을 얻었지요. 다음 해에는 또 다른 목표를 세웠어요. 골고루 15권을 읽겠다고요. 목표를 100퍼센트 달성하진 못했지만, 그래도 12권을 읽었습니다. 그렇게 10년의 시간이 흘렀어요. 그동안 이 엄마는 계속해서 책을 읽었습니다.

이분의 독서력은 얼마나 달라졌을까요? 정확한 수치를 측정

할 수 없어 어느 정도 성장했다고 딱 잘라 말하기 어렵지만, 한 가지 사실은 분명합니다. 그 긴 세월 동안 꾸준히 책을 읽어왔다면, 독서력이 퇴보할 리 없다는 사실이요.

제 친구 중에 독서를 전혀 하지 않는 친구가 있었어요. 그러다 우연한 기회에 책을 읽기 시작했지요. 책을 안 읽다 읽으려니 책 한 권을 끝까지 읽어내는 것을 무척 어려워했어요. 책을 고르는 것도 어색해했고요. 1년 내내 그랬던 것 같아요. "난 책 머리가 아닌가 봐." 하고 자책하는 소리도 들었지요.

만약 그 친구가 그 순간 책 읽는 것을 그만뒀으면 그 상태에서 멈췄을 거예요. 그런데 중간중간 슬럼프를 겪으면서도 포기하지 않고 계속 책을 읽더라고요. 2년 뒤, 3년 뒤에도요. 그렇게 시간이 지나고, 어느 순간 제 눈에도 보이는 거예요. 이 친구의 성장이 말입니다.

가장 눈에 띄는 변화는 유창해진 말솜씨입니다. 뭔가를 설명할 때 전보다 자신감 있는 태도로 논리정연하게 말을 아주 잘해요. 지식의 폭도 넓어졌고요. 직장에서도 사람들이 그 친구를 다방면으로 아는 게 많은 사람으로 본대요. 책을 많이 읽어서 상식이 많다고요. 불과 몇 년 전까지 책하고는 담을 쌓고 살았던 사람인데 말이에요.

이 친구의 현재 모습은 독서의 결과일까요? 그 순간은 결과로 보이지만, 인생은 연속된 거잖아요. 친구는 지금도 계속 책을 읽고 있습니다. 그러니 뒤에 또 다른 결과가 나타날 거예요. 그럼 그 앞의 결과는 과정이 됩니다. 매 순간이 결과로 보이지만 실은 과정인 거지요.

초보 독서가였던 친구는 지금은 숙련된 독서가가 되었습니다. 그 친구의 삶에는 책이 항상 붙어 다녀요. 앞으로의 모습이 어떨지 정말 궁금해요. 분명 또 달라져 있을 테니까요.

제 친구 이야기를 통해 말씀드리고 싶은 것은 독서할 때 조급한 마음을 먹지 말라는 거예요. 천천히, 길게 보세요. 이미 앞에서 말씀드렸지요. 친구가 책을 읽으며 중간중간 슬럼프를 겪었다고요. 당연합니다. 책이 어떻게 맨날 좋겠어요. 그리고 어떻게 하루도 빠짐없이 읽을 수 있겠어요.

읽는 게 지치거나 얻는 것도 없고, 일상이 바쁘면 독서를 멈출 수도 있지요. 그것도 과정입니다. 독서하는 사람이라면 누구나 겪는 과정이요. 독서 권태기가 와도 그러려니 받아들이고 다시 가는 거지요. 힘들면 잠시 멈춰도 돼요. 쉬어도 되고요. 그 뒤에 다시 책을 집어 들면 계속 이어지는 겁니다.

여러분도 제 친구처럼 독서를 하며 여러 고비를 겪을 수 있어요. 누구나 읽기 힘들고, 변화가 없어서 의기소침해지고, 책을 읽어도 읽어도 계속 겉도는 것 같다고 느낄 때가 있지요. 하지만 이 흐름을 이해하고 받아들이는 자세가 필요해요. 지치면 지친 것을 인정하고, 잠시 쉬었다가 에너지가 충전되면 다시 읽는 것, 이 모든 게 독서의 과정이지요. 고비를 이렇게 반복하다 보면 독서 근육도 커지고, 독서 내공도 생깁니다. 슬럼프가 와도 여유롭게 대처할 수 있게 되지요.

결과를 조급하게 바라지 않는 것, 그것이 중요합니다. 저는 그걸 내공이라고 봐요. 힘을 빼고 느긋하게 기다리는 마음가짐은 쉽지 않지만 삶에 꼭 필요한 지혜이지요. 결과를 빨리 보려는 마음을 내려놓고 그냥 자기 할 일을 하는 것, 이게 중요해요. 낚시꾼이 낚시터에서 일어나는 일들에 감정적으로 반응해 일희일비한다면, 그 사람은 실력 있는 낚시꾼은 아닐 거예요. 옆 사람이 낚은 월척에 조바심을 내며 낚싯대를 들었다 내렸다 한다면 어떨까요? 잡힐 고기도 안 잡힐 거예요.

엄마는 없는 시간을 쪼개서 책을 읽습니다. 일반 사람들보다 더 큰일을 하는 거예요. 틈날 때마다 책을 읽는 것이 어디 쉬운 일인가요. 어려운 상황에서 읽다 보니, 빠른 시일 내에 눈에 보이는 결과를 얻고 싶은 마음이 들지요. 시간과 정성을 쏟았으니 그 결과를 바라는 건 당연합니다. 그런데 독서의 결과는 바로 보이지 않아요. 시간이 좀 걸리지요. 이때 이 '답답함'을 견뎌 내는 내공이 꼭 필요해요. 만약 내공이 부족한 초보 독서가라면, 의식적으로라도 스스로에게 일러주는 게 좋아요. '독서는 과정이야. 결과가 바로 보이는 게 아니야. 초조해하지 말고, 그냥 읽자.' 이렇게요.

시간이 흐르고 쌓여야 눈에 확 띌 정도의 변화가 일어납니다. 밥을 할 때도 뜸 들이는 시간이 필요하잖아요. 뜸을 잘 들여야 맛있는 밥을 먹을 수 있지요. 기다림이 필요해요. 밥도 독서도 그래요. 그러니 조급함을 버리고 진득하니 책을 계속 읽으면 돼요. 누누이 말했듯이 독서는 결과가 아니라 과정입니다. 계단식으로 끊임없이 성장과 발전이 이루어지는 과정이요.

국어 교사라는 직업상 또 독서동아리 회원으로 아무래도 독서를 하며 성장하고 있는 사람들을 자주 봅니다. 이들에겐 공통점이 있는데요. 주변 사람들이 그 사람의 변화와 발전을 알아보는데, 정작 본인은 모른다는 거예요. 자신의 원래 모습이 그랬다고 생각하는 경우도 있어서 칭찬이 안 먹힐 때가 있어요. "원래 이랬는데, 뭐가 변했지?" 이렇게요. 본인의 변화와 발전을 인식하느냐 안 하느냐를 떠나서 확실한 건 독서를 하면 사람이 좋은 방향으로 변한다는 거지요.

책을 읽으시는 분, 그분은 오늘도 성장하고 있는 겁니다. 눈에 보이지 않고, 본인은 느끼지 못해도 말이에요. 시간이 지나면 알아요. 그 사람의 말과 행동에 교양으로 묻어나지요. 인품으로도 드러나고요. 그렇게 되기까지는 시간이 필요해요. 첫술에 배부를 수는 없는 법이지요. 어떻게 책 몇 권 읽었다고, 오랫동안 꾸준히 독서를 해온 사람과 똑같아질 수 있겠어요. 그 사람은 수년, 수십 년 동안 책을 읽어왔는데요.

부러움과 동경의 마음으로 지금부터 읽기 시작하면 됩니다. 독서는 과정의 연속이니, 그 과정을 천천히 밟아나가면 돼요. 만약 주변에 그런 닮고 싶은 사람, 좋은 모델이 될 사람이 있다면 행운이네요. 따라 하려고 노력하다 보면 점점 닮아가니까요.

나다니엘 호손 Nathaniel Hawthorne 의 《큰 바위 얼굴》이란 작품을 아시나요? 이 소설에는 어니스트라는 소년이 나옵니다. 어니스트가 사는 마을에는 얼굴 형상을 한 큰 바위가 있었어요. 마을에는 언젠가 큰 바위 얼굴과 똑같이 생긴 위대한 사람이 나타난다는 전설이 있었지요. 그 전설을 믿는 어니스트는 큰 바위 얼굴을 닮은 사람이 나타나길 기다립니다. 하지만 마을을 스쳐 지나간 부자도, 장군도, 정치가도, 시인도 모두 큰 바위 얼굴과 똑같이 생기지 않았습니다. 다들 어딘가 부족했지요. 그렇게 세월이 흘러 어니스트는 삶의 지혜를 말하는 설교자가 되었습니다. 그런데 그의 설교를 듣기 위해 찾아온 한 시인이 어니스트의 얼굴을 보고는 큰 바위 얼굴과 똑같이 생겼다고 말합니다. 매일매일 바위를 바라보며 그 모습을 닮으려 했던 어니스트가 큰 바위 얼굴을 한 사람이 되어 있었던 겁니다.

큰 바위 얼굴을 흠모한 아이가 시간이 지나 전설 속 위대한 인물과 닮아 있던 것처럼 여러분도 주변에서 큰 바위 얼굴을 찾아 닮으려 노력해 보세요. 독서하는 큰 바위 얼굴 말이에요.

우리의 하루하루는 큰 바위 얼굴이 되어가는 과정이랍니다.

나에게 맞는
독서법 찾기

책 읽는 방법은 정말 많습니다. 속독, 완독, 숙독, 다독, 묵독, 음독, 통독, 발췌독, 정독 등 매우 다양해요. 그뿐만 아니라 한 권을 다 읽어야만 다른 책으로 넘어가는 단독 독서법과 여러 권의 책을 동시에 읽는 병행 독서법도 있지요. 또 슬로우 리딩, 포커스 리딩, 퀀텀 독서법 같은 방법도 있어요.

이렇게나 많고 많은 독서법 중에 어떤 것이 가장 효과적이냐고 묻고 싶으시겠지요? 제 대답은 '없다'입니다. 누구에게나 최고인 독서법은 없어요. 사람마다 독서 스타일이 다르기 때문에 효과적인 독서법도 각자 다를 수밖에 없지요.

공부 스타일도 사람마다 다르잖아요. 어떤 사람은 벼락치기

공부가 잘 맞고, 또 어떤 사람은 벼락치기로 공부하면 컨디션만 망가져 오히려 시험을 망친다는 사람도 있듯이요.

베테랑 독서가들도 독서법이 다 달라요. 누구는 유희의 독서를 즐기는 사람이라 재미있고 유익한 부분만 골라 읽는다고 하고, 또 다른 누구는 책의 내용을 곱씹으며 정독한다고 해요.

관심 분야, 지적 수준, 성향, 성격, 필요성, 동기, 시간 여유 등 모든 조건이 다 다르니, 독서법도 각자 스타일에 맞게 선택하면 됩니다. 예를 들어 성격이 꼼꼼한 사람이라면 책을 정독하며 읽는 게 속이 편하고 얻는 것도 많을 거예요. 그러나 재미가 최고인 사람에게 지루한 책을 정독해서 읽으라고 한다면 상당히 괴로운 일일 테지요. 사실 꼼꼼한 성격의 사람이라고 정독만 하지는 않아요. 책에 따라서, 필요에 따라서 발췌독과 속독을 하기도 하지요.

개인차를 고려한 공부법이 좋고, 개인차를 고려한 교수법이 좋듯이 개인차를 고려한 독서법이 가장 좋은 거지요. 그렇기 때문에 초보 독서가의 경우 자기만의 속도와 방법을 찾는 것이 중요해요. 아무리 남들이 좋다고 해도 내가 따라 가지 못하면 아무 소용이 없어요. 나에게 잘 맞고 편한 방법을 찾아 그 방법대로 읽는 게 최고입니다.

그럼 이제 본격적으로 앞에서 언급했던 다양한 독서법들을 살펴볼까요? 각각의 독서법을 비교해 보고, 이 방법 저 방법을 시도하면서 자신에게 맞는 독서법을 찾아보기로 해요.

먼저 속독부터 얘기해 볼게요. 전 속독에 관심이 많습니다. 그럴 수밖에요. 학교에서 국어 과목을 가르치다 보면, 빠른 독해력이 요구되는 상황을 많이 만나거든요. 특히 비문학 지문을 읽고 문제를 풀 때가 그래요. 비문학 지문의 경우 다양한 분야의 전문 지식을 다룬 내용이 많다 보니까 독해 속도가 빠르면 훨씬 유리하지요.

그런데 아이들이 빨리, 정확하게 지문을 파악하면 좋겠다는 교사로서의 마음과는 별개로 제 독해 속도는 그런 욕구를 따라가지 못하는 처지였어요. 그래서 속독법을 알려주는 학원에 갔습니다. 학원에선 안구 운동도 지키고, 빗금 치기도 시키더라고요. 열심히 따라 했습니다. 결과부터 말씀드리면, 전 속독을 체득하지 못했습니다. 학원비만 날린 셈이지요. 그래도 여전히 속독에 대한 로망이 남아 있습니다. 단순히 빨리 읽는 것이 아니라 내용을 정확히 이해하면서 빨리 읽는 속독은, 아주 매력적인 독서법이라 생각하거든요.

보통 좋은 독서법으로 정독을 말합니다. 맞아요, 글을 음미하면서 읽는 정독은 좋은 독서법이에요. 그러나 최고의 독서법이냐고 묻는다면, 글쎄요. 정독이 필요한 책이 있고, 그렇지 않은 책이 있습니다. 정독이 필요한 시기가 있고, 그렇지 않은 시기가 있듯이요.

여기서 속독과 정독이 어떻게 다른지 용어 정리를 해 볼게요. 속독速讀은 주어진 글이나 책을 빨리 읽는 것을 말합니다. 빠른 속도로 책을 읽는 게 목적이기 때문에, 이 방법을 매력적으로 느끼는 사람도 있고, 책을 건성으로 읽게 된다며 부정적으로 보는 사람도 있지요. 정독精讀은 글의 뜻을 새기며 자세히 읽는 것을 말합니다. 천천히, 의미를 놓치지 않으며 읽기에 책 한 권을 다 읽을 때까지 비교적 오랜 시간이 걸리지요.

속독과 정독을 단순 비교하자면, 정독은 어른들에게 인정받는 모범생 같은 느낌이 들고, 속독은 행동이 부산스럽고 공부도 대강대강 해서 잔소리를 듣는 까불이 같은 느낌이 들어요. 그런데 아시다시피 모범생이라고 사회생활을 다 잘하는 건 아니잖아요? 행동이 어수선해도 오히려 생활 적응력이 뛰어난 경우가 있지요.

그러니 속독과 정독 중에 어느 방법이 더 좋다고 다툴 필요가 없습니다. 경우에 따라 속독이 좋을 수도, 정독이 좋을 수도 있어요. 어려운 내용이고, 꼼꼼하게 읽고 싶다면 정독이 맞겠고요. 재미가 덜하거나 시간이 부족한 경우라면 속독이 좋겠지요.

저는 책을 천천히 읽는 편입니다. 주로 정독을 하지요. 세계 고전소설류는 특히나 그렇습니다. 그런데 고전소설 중에서 속독을 한 작품이 있어요. 바로 빅토르 위고 Victor Hugo 의 《레 미제라블》입니다. 주인공이 장 발장인 그 소설이요.

조정래 작가가 사회·역사의식을 문학성과 가장 조화롭게 형상화한 작가로 꼽으며 닮고 싶다고 말한 빅토르 위고, 그의 대표작 《레 미제라블》을 완역본으로 읽고 싶은 마음에 책을 구입했지요. 그런데 막상 책을 사고 나서 놀랐습니다. 400~500쪽이 넘는 분량의 책이 5권이나 되더군요. 2권까지는 재미있어서 책 곳곳에 메모를 해가며 천천히 정독을 했습니다. 그런데 3권부터 고비가 찾아왔어요.

소설의 배경인 19세기 프랑스 상황에 대한 자세한 묘사가 나오면서부터 무슨 말인지 못 알아듣겠는 말이 너무 많은 거예요. 이해가 안 가는 장면도 엄청 많고요. 프랑스인이 아니라 한국인, 그것도 현시대를 살아가는 한국인이 이해하기엔 어려움이 많았습니다. 그 당시 프랑스와 유럽의 역사 속 중요 인물에 대한 배경지식이 풍부하지 못한 편이라 더욱더 그랬지요.

게다가 작가 특유의 장황하고 치밀한 묘사는 이해는커녕 읽는 사람을 질리게 만들었어요. 장 발장이 숨어들어간 파리 지하수로를 어찌나 길고, 자세히 설명해놨는지 진도를 나가는 게 너무 힘들었어요. 지루함에 책을 덮었다 펼쳤다를 반복했지요. 이러다 중도하차 하겠구나 싶었어요.

그런데 다른 책은 몰라도 《레 미제라블》만큼은 끝까지 읽고 싶은 욕심이 컸어요. 60퍼센트 정도만 이해하더라도 그 유명한 작품을 완독하여 가슴으로 느껴보고 싶었습니다. 그래서 읽는 방법을 바꿨습니다. 속독법을 선택했지요. 메모하던 연필을 내려놓고, 눈으로 읽으면서 내용을 쓱쓱 훑어봤어요. 천천히 내용을 곱씹으며 읽다가는 지루한 부분을 넘기지 못하고, 아예 책을 덮을 것 같았거든요. 그렇게 부분 부분 속독을 한 덕분에 《레 미제라블》을 완독할 수 있었습니다.

위고의 소설이 얼마나 재미있고, 얼마나 감동적인지, 또 얼마나 지루한지, 얼마나 역사적 상황을 자세히 설명했는지, 장 발장이라는 인물이 얼마나 숭고한 인물인지 오롯이 느낄 수 있었던 건 정독과 속독을 적당히 골라가며 읽었기 때문이에요.

간혹 속독은 대강 읽기 때문에 좋은 독서법이 아니라고 말하는 분들이 있어요. 하지만 상황에 따라서 대강 읽는 게 필요한 경우가 있지요. 또 진짜 속독을 훈련해 체득하고 나면 내용을 정확히 이해하면서 빠른 속도로 책을 읽는 게 가능하다고 해요. 속독은 읽는 속도는 빠르지만, 내용을 제대로 이해하기 어렵다는 점에서 치명적인 단점을 가진 독서법이라는 생각이 실제로는 오해나 편견일 수도 있다는 거지요.

 정독과 속독 말고, 다른 독서법도 있습니다. 독서의 범위에 따라 발췌독과 통독이 있는데요, 발췌독拔萃讀은 필요한 부분만 골라서 읽는 방법을 말합니다. 이와 대비되는 개념인 통독通讀은 글 전체를 처음부터 끝까지 훑어보는 것을 말하지요. 통독의 의미가 정독과 비슷하게 느껴지실 텐데요. 둘을 구분하는 방법은요, 얼마나 꼼꼼히 읽었느냐에 있어요. 즉, 처음부터 끝까지 쭉 읽는 것이 통독이라면, 의미를 생각하며 꼼꼼히 읽는 것이 정독인 것이죠.

 저는요, 인터넷 신문을 볼 때 발췌독을 합니다. 눈으로 쓱쓱 읽다가 관심 있는 단어나 내용이 나오는 부분에서만 정독을 하지요. 발췌독은 필요한 정보만 골라 볼 수 있어서 경제적이라는 장점이 있습니다. 그러나 단행본을 읽을 때는 발췌독보다는 주로 통독을 합니다.

 다음으로 묵독과 음독에 대해 살펴볼게요. 묵독默讀은 조용히, 소리 내지 않고 글이나 책을 속으로 읽는 것을 말합니다. 반대로 음독音讀은 소리 내어 읽는 것을 말하지요. 대부분은 주로 묵독을 하지만, 간혹 음독을 할 때가 있어요. 수업시간이나 음독 독서동아리 같은 경우가 그렇지요.

음독 독서동아리에서는 책을 소리 내어 읽어요. 회원들끼리 돌아가며 책을 읽습니다. 같은 책에 집중하며, 다른 사람이 읽어 주는 내용을 귀로 듣지요. 음독을 통해 얻을 수 있는 장점이 있기에 여러 동아리에서 하고 있는 방법이에요.

이렇게 독서법에는 정독, 속독, 발췌독, 통독, 묵독, 음독 등 다양한 방법들이 있습니다. 때에 따라, 책의 상태에 따라, 나의 상황에 따라 적절한 방법을 선택하면 됩니다.

마지막으로 최근에 많이 거론되는 슬로우 리딩과 퀀텀 독서법에 대해 잠시 얘기해 볼게요. 슬로우 리딩은 책 한 권을 긴 호흡으로 천천히 곱씹으며 읽는 독서법을 말합니다. 슬로우 리딩을 하면 깊이 있는 독서를 할 수 있고, 몰랐던 내용을 계속해서 발견하게 되어 귀한 배움이 일어날 수 있다고 생각하는 분들이 많으시더군요. 그래서 그런지 요즘 도서관이나 학교에서 슬로우 리딩 운동을 펼치는 사례를 심심치 않게 만나고는 합니다.

그런데 저는 성향상 슬로우 리딩과는 잘 맞지 않아요. 책 한 권을 그렇게 오래오래, 여러 번 읽는 건 너무 지겹더라고요. 또 아무리 훌륭한 방법이라고 해도 한 가지 독서법을 교육과정에 포함시켜 가르치는 건 아니라고 생각해요. 다양한 독서법을 열어놓고, 자신에게 맞는 방법을 선택하게끔 하는 것이 올바른 독서교육 방향이라고 생각합니다.

또 최근 새롭게 등장한 독서법 가운데 퀀텀 독서법이라는 게 있어요. 퀀텀 독서법은 다양한 훈련법을 통해, 내용을 잘 이해하면서도 아주 빠른 시간에 책 한 권을 읽어내는 방법인데요, 보편적인 독서법은 아닙니다. 저는 혼자서 연습을 하다 만 상태라서 이 독서법의 효용성에 대해 말씀드리긴 어려워요. 하지만 세상엔 다양한 독서법이 있고, 각각의 방법마다 장단점이 있으니, 서로 비교해 보고 본인에게 맞는 방법을 고르시면 됩니다. 또 상황에 따라 둘 이상의 독서법을 혼용해도 되고요.

예를 들어 저는 어떤 책은 꼼꼼하게 읽지만, 또 어떤 책은 슬슬 필요한 부분만 골라서 읽습니다. 또 쓱쓱 넘기면서 보다 필요한 부분만 정독하는 책도 있어요. 제가 특이한 게 아니고요, 꽤 많은 독서가들이 책에 따라, 필요에 따라 이렇게들 해요.

이제 막 책을 읽기 시작한 초보 독서가 여러분, 여러분에게 가장 좋은 독서법은 무엇일까요? 모두를 만족시키는 정답은 없습니다. 세상에는 많고 많은 독서법이 있고, 선택의 다양성을 열어둘 때 여러분의 독서생활이 자유로워질 테니까요. 그러니 이것저것 시도해 보시고, 자신에게 가장 편하고 도움이 되는 독서법을 찾으시길 바랍니다.

독서생활의
자극제

　사람은 사회적 존재이지요. 집단 속에서 인정받고 싶어 하는 욕구가 있습니다. 사람과의 관계에서 좋은 피드백을 받으면 기분이 좋아지는데요, 특히나 내가 한 어떤 일에 대해 사람들이 잘했다고 인정을 해주면 기가 팍팍 삽니다. 다음에도 잘할 수 있다는 자신감으로 연결되고요.

　앨버트 밴듀라Albert Bandura라는 심리학자가 있습니다. 모델링을 통해 뱀 공포증이 치료될 수 있다는 것을 실험적으로 입증한 사람이지요. 그는 뱀 공포증 환자를 통제 아래 두고, 뱀에게 조금씩 다가서는 방법으로 공포증 치료에 성공합니다. 밴듀라는 환자들을 인터뷰하면서 흥미로운 사실을 발견하게 돼요. 뱀 공포증을 극복한 사람들이 다양한 분야에서 자신감이 상승했다는 것을 알게 된 거죠. 밴듀라는 이런 자신감, 즉 자기 능력에 대한 믿음을 자기효능감 self-efficacy 이라 명명합니다.

밴듀라는 어떤 행동을 시작할 것인지, 그 행동에 얼마나 많은 노력을 쏟을 것인지, 부딪히는 난관에 얼마나 지속적으로 노력을 들일 것인지 결정하는 것은 모두 자기효능감에서 나온다고 말합니다. 자신의 능력에 대한 긍정적인 믿음이 있을 때 행동을 시도하고 지속할 수 있다는 거지요.

예전에 정회일 작가의 강의에서 들었던 이야기가 기억나네요. 어떤 사람이 이런 말을 했다고 해요.

"집에서는 자꾸 눕게 되고, 공부가 안 돼요. 시험이 내일 모레인데 큰일이에요."

그때 그 사람에게 해줬던 조언은,

"그럼 집을 나가세요. 나가서 공부하세요."랍니다.

원하는 것이 있으면, 그것을 할 수밖에 없는 시스템을 만들라고 작가는 말하더군요. 장애 요인을 없애라고요.

독서도 그렇습니다. 모든 일이 다 그렇듯이, 독서를 할 때도 자기효능감을 북돋고 독서를 지속할 수 있는 시스템을 만드는 일이 중요합니다.

독서를 지속하는 방법은 여러 가지가 있습니다만, 그중에서도 꽤 기분이 좋으면서 스스로를 독려하는 방법이 있어요. 바로 책을 읽고 다른 사람에게 추천하는 방법입니다.

보통 독서는 혼자서 하지요. 이제 막 책을 읽기 시작했는데 독서동아리에 참여할 마음을 먹는 분은 드물 겁니다. 대개는 혼자 책을 읽고, 혼자 감상하는 독서생활을 반복하겠지요. 그런데 그냥 혼자서 책을 읽다 보면요, 점점 느슨해질 수 있어요. 이때 자신을 조여줄 수 있는 시스템이 있다면 독서생활에 좋은 자극이 될 겁니다. 공개적인 공간에 책을 추천하는 방법 같은 거 말이지요.

요즘은 온라인으로 서평이나 추천 글을 많이 올리시더라고요. 카카오스토리, 블로그, 브런치, 인스타그램, 페이스북, 인터넷 서점 개인 서재, 유튜브 등 이용할 수 있는 플랫폼도 정말 다양해요. 대부분의 플랫폼에 댓글 기능이 있기 때문에 사람들의 반응을 확인하는 재미도 있지요.

개인이 올린 독서 후기나 추천 글에 악플을 다는 사람은 거의 없어요. 주로 긍정적인 피드백, 예를 들어 "추천해주신 책을 읽고 싶어서 바로 샀습니다. 감사합니다." 같은 글이 달리지요.

이런 댓글을 보면 기분이 좋아져요. 자기효능감도 높아지고요. 신이 나서 책 추천 글을 또 올리고 싶어집니다. 그러려면 당연히 다른 책을 또 읽어야겠지요. 책을 읽고, 추천 글을 쓰고, 또 책을 읽는 선순환이 이어집니다.

결론적으로 공개적인 공간에 추천 글을 올리는 것은 현명한 방법이라 할 수 있겠네요. 이런 시스템을 통해 혼자서도 충분히 독서생활을 영위해나갈 수 있으니까요. 자기효능감도 높이면서 말이지요.

독서 후기나 추천 글은 일정한 시기나 기간을 정하고 올릴 수도 있고, 아닐 수도 있는데요. 두 가지 방법 모두 장단점이 있어요. 정기적으로 글을 올리는 경우에는 사람들과 공개적으로 약속을 해놓은 상태이니 의무감, 책임감이 생겨 책을 읽을 수밖에 없습니다. 정신적 피로감을 감당할 수 있다면 그것도 좋은 방법일 거예요. 비정기적으로 올리는 경우라도 공개적인 공간에 자신의 소감을 올린다는 것 자체가 큰 동기 부여가 되지요.

디지털 플랫폼을 이용하는 방법 말고, 다른 방법도 있어요. 바로 말 서평입니다. 책을 읽고 가까운 주변 사람들에게 책 추천을 하는 거죠. 다른 사람에게 반복해서 설명하다 보면요, 책 내용이 일목요연하게 정리되는 효과가 있어요. 그 내용을 오래 기억에 담아둘 수도 있고요. 또 말하면서 감상이 심화되기도 하고, 문득 깨닫게 되는 것들도 있지요.

《대통령의 글쓰기》를 쓴 강원국 작가는 다독多讀, 다작多作, 다상량多商量 외에 다변多辯이 중요하다고 강조합니다. 다변이란 '많이 말하는 것'을 말하지요. 말을 하다 보면 깨닫게 되고, 글도 잘 쓰게 된다고 하더군요. 저도 같은 생각입니다.

헤르만 에빙하우스Hermann Ebbinghaus라는 독일의 심리학자는 망각에 대한 실험을 했는데요. 시간이 지남에 따라 기억이 얼마만큼 사라지는지 알아보는 실험이었어요. 실험 결과 아무리 달달 외워도 한 시간이 지나면 50퍼센트를, 하루가 지나면 70퍼센트를, 한 달이 지나면 80퍼센트를 잊어버리는 것으로 밝혀졌습니다. 이를 그래프로 나타낸 것이 바로 망각곡선Forgetting Curve이에요. 그러면서 망각을 줄일 수 있는 방법으로 반복학습을 제시하지요. 반복학습을 하면 기억의 감소를 줄일 수 있는데, 일정 기간에 여러 번 반복할수록 더 효과적이라고 합니다.

망각곡선 이론에 따르면 말 서평을 반복할수록 책 내용을 오랫동안 기억에 담아둘 수 있는 거네요. 예를 들어 책을 다 읽고 나서 가족한테 책 내용을 설명합니다. 한 번 반복. 다음 날 직장 동료나 친한 엄마한테 자연스럽게 책을 추천해요. 두 번 반복. 며칠 또는 몇 주가 지난 뒤 친구들과 만났을 때 책을 읽어보라고 권합니다. 세 번 반복. 이런 식으로 말 서평을 반복하면 확실히 책 내용을 기억하는 데 많은 도움이 되겠어요. 결과적으로 일거

양득이네요. 나도 좋고, 내 주변 사람들도 좋고.

이때 주의할 점은 듣는 사람이 불편해하지 않는지 살펴야 한다는 겁니다. 책 애기를 들어줄 상황이 아닌데, 혼자서 주저리주저리 떠들면 반감만 생기잖아요. 그러니 책 애기를 할 만한 자리나 분위기가 마련됐을 때 말을 꺼내는 것이 현명하겠네요.

한 권, 두 권 읽은 책이 쌓이다 보면요, 지적 능력에 대한 믿음이 생겨요. 마음먹은 것을 해내고 있다는 성취감도 느낄 수 있고요. 아울러 다른 사람에게 책을 추천한 뒤 돌아오는 긍정적 피드백과 책을 읽고 주변 사람들과 나누는 교감은 계속해서 책을 찾아 읽게 만들지요. 책 추천이 다시 독서로 이어지는 선순환이 일어나는 겁니다.

책 추천을 통한 교감과 선순환, 정말 멋지지 않나요?

4장

깊이 있는 독서를
하는 방법

책 더럽게
보기

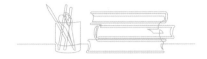

법정 스님의 책, 여백이 아름다운 책, 감히 펜을 들 마음이 일
어나지 않는 책, 이런 책들은 깨끗하게 봅니다. 여백은 여백대로
두고, 글귀 자체가 아름다워 하나의 작품으로 여겨지는 책은 감
히 손을 대지 않아요. 메모를 남기지도 않지요.

이 말은 이런 책이 아니라면, 종류를 가리지 않고 이것저것
끄적이며 읽는다는 뜻입니다. 밑줄도 막 긋고, 읽다가 궁금한 점
이나 그때그때 드는 느낌도 적습니다. 저자와 생각이 다를 경우
제 반론도 적고요. 저자의 말에 공감될 때는 더 많은 말들을 주
저리주저리 적지요.

메모를 하는 데 거창한 이유가 있는 건 아닙니다. 낙서처럼

이런저런 메모를 남기는 것은 남에게 보여주기 위함도 아니고 나중에 혼자 곱씹어보려는 것도 아니에요. 책을 읽으면서 그 순간에 떠오른 감정과 생각을 적지 않고는 다음 장으로 넘어갈 수가 없기 때문이에요. 책에다 뭐라도 말을 남겨야 해요. 그래야만 다음 장으로 제 마음이 옮겨가더라고요.

두서없이 제 생각을 풀어놓은 글을 보면, 가끔 웃음이 납니다. 뭘 이렇게 많이 적었을까 싶기도 하고, 할 말이 이렇게 많았나 싶기도 해서요. 그리고 읽었던 책을 시간이 흘러 다시 펼쳐 보면 깜짝깜짝 놀란답니다. '그때 내가 이런 생각을 했었나?' '이런 건 그때나 지금이나 똑같구나' 하는 생각이 들지요. 이렇게 책의 한쪽 귀퉁이에 남아 있는 메모들은 그 시기의 '나'와 만나게 해줍니다.

메모를 남길 때는 날짜도 적어둡니다. 독서기록장을 뒤적이지 않아도 책장을 펼치는 것만으로 책을 읽었을 때의 생각과 느낌을 바로 알 수 있기 때문이지요.

책을 다 읽고 나면, 표지 안쪽 면지에 책을 읽기 시작한 날짜, 다 읽은 날짜, 한 줄 소감 등을 씁니다. 책을 읽은 직후 느꼈던 감정도 바로 기록하지요. 예쁘게 쓰려 노력하지 않고 막 갈겨써요. 그 순간 바로 적지 않으면 책에서 받은 느낌이 사라질 수도 있으니까요. 그리고 책을 산 날짜도 적어둡니다.

제가 기록하는 걸 좀 좋아합니다. 기록해서 나쁠 건 없더라고요. 나중에 다시 확인할 때도 좋고요. 이제는 습관이 돼서 메모를 하는 게 오히려 편하고 좋습니다. 저야 편한데, 다른 사람이 보기에는 불편하지요. 속 얘기를 다 써 놓은 터라 책을 다른 사람에게 빌려주기도 좀 불편하고요.

다 심하게 헌 책이라 중고서점에 내다 팔지도 못해요. 워낙 낙서가 많아서요. 그리고 사실 책을 팔 마음도 없답니다. 1퍼센트도요. 제가 사 놓은 책을 읽을 때마다 매번 남편은 구시렁대요. 메모 때문에 읽는 데 방해가 된다고요. 책 내용보다 제 메모가 먼저 눈에 들어온대요. 아무렇게나 휘갈겨 쓴 글씨가 사방팔방에 적혀 있으니, 시선이 자연히 그쪽으로 가겠지요.

남편의 불평에 귀가 따가워도 책 읽는 습관을 고칠 마음이 없습니다. 메모를 하며 읽어야 책을 제대로 읽은 것 같은데, 남편 좋으라고 제 책을 슬렁슬렁 읽을 수는 없잖아요? 남편의 불편보다 책에서 얻는 배움이 우선이니까요. 제 방식대로 읽고 싶어서 돈을 주고 구입한 책인데, 당연히 그렇게 읽을 수밖에요.

처음부터 메모를 하면서 책을 읽었던 건 아니에요. 아주 오래전에 한 독서 전문가의 강연을 들은 적이 있는데, 책을 엄청 험하게 본다는 그분 말씀이 퍽 인상적이어서 한번 따라 해 볼까 했던 게 시작이었지요. 처음엔 책에 어떻게 낙서를 하지, 무슨 말을 써야 할까, 차라리 따로 노트에다 깔끔하게 적는 게 낫지 않나 하는 생각에 한두 줄 밑줄을 긋고, 몇 자 끄적이는 게 전부였어요. 초반에는 그렇게 어색하더니 금세 익숙해지더라고요. 차츰 밑줄이 늘고 책장 여백에 써지는 글씨들이 늘어났지요. 이제는 메모가 습관이 돼서 어떤 책을 읽어도 기록을 하며 읽습니다.

책 읽는 방법은 사람마다 달라요. 어떤 사람은 책을 아주 깨끗하게 봅니다. 다 읽고 적당한 시기에 그 책을 다른 사람에게 팔거나 선물하기도 하지요. 또 어떤 사람은 자신의 감상을 포스트잇에다 적어서 책에 붙이기도 합니다. 색깔별로 구분해서 붙이는데, 감정을 기록할 때는 초록색, 저자의 생각에 동의할 때는 노란색, 반대되는 의견을 기록할 때는 빨간색, 궁금한 점을 기록할 때는 파란색 포스트잇에다 쓴대요. 포스트잇을 이용하는 방법도 좋은 것 같아요. 메모지 색깔만 봐도 어떤 내용인지 구분이 가니까요.

저도 아주 가끔은 포스트잇을 쓰기도 해요. 대부분은 책에다 직접 메모를 하지만, 앞에서 말했던 메모가 꺼려지는 책에다는 포스트잇을 붙입니다. 이 방법은 책을 깨끗이 간직하면서도 자신의 감상을 적을 수 있다는 장점이 있지요.

그런데 불편한 점도 있어요. 무언가 적고 싶을 때 꼭 포스트잇이 있어야 한다는 전제가 바로 그것이지요. 저는 책을 읽으면서 떠오르는 생각과 느낌을 즉시 써야 하는 스타일이기 때문에 포스트잇을 사용하는 일은 드물어요. 주로 연필로 끄적이는 걸 좋아하지요. 정말 좋은 글귀가 있을 때는 형광색 색연필로 표시해두기도 합니다. 이 방법 또한 가끔 쓰는 방법이고요, 대부분은 연필 한 자루로 다 해결하지요.

책을 어떻게 읽느냐는 각자의 선택입니다. 깨끗이 본다고 해서 허투루 책을 읽는다는 뜻은 절대 아니에요. 그러나 메모를 하면요, 책을 아주 깊이 있게 읽을 수 있습니다. 제 경험상 그건 확실해요.

제가 학교에서 가르치는 과목이 국어인데요, 국어 교과에서는 작품을 감상할 때 다양한 접근 방법이 있다고 가르칩니다. 시대 상황이나 작가의 삶과 연결시켜 작품을 감상할 수도 있고, 오롯이 독자인 나의 시각에서 글을 이해할 수도 있어요. 또 작품 자체의 표현법이나 주제 의식에 집중해서 글을 감상할 수도 있지요. 접근 방식은 다르지만, 깊이 있게 작품을 감상하는 방법이라는 점에서는 공통적입니다.

그런데 이런 방법으로 작품을 감상하려면 눈으로만 읽는 것보다는 쓰면서 생각을 정리하는 것이 좋습니다. 쓰는 것은 여러

가지 문제해결능력이 필요한 기술이고, 그 자체가 고차원적 사고과정이랍니다. 글을 읽고 자신의 생각을 글로 쓰는 것은 최고의 의사소통 행위기도 하지요. 작가와 나, 작품과 나의 대화가 '쓰기'라는 적극적인 활동을 통해 더 활성화될 수 있답니다.

책을 소중히 여기는 만큼 한 권을 아낌없이 봅니다. 그래서 깨끗하고 낯선 책보다는 지저분하고 익숙한 책이 좋습니다. 깊이 있는 독서의 세계로 저를 인도해주니까요.

여러분은 책을 어떻게 보고 싶으신가요? 저처럼 꼭 메모를 하며 책을 볼 필요는 없어요. 자신에게 맞는 방법을 골라서 책을 꼭꼭 씹어 먹으면 최고지요. 책 속에 있는 좋은 영양소가 온전히 흡수될 수 있게요.

고전과 스테디셀러 맛보기

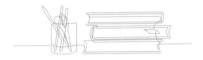

　'고전古典' 하면 어떤 작품이 떠오르시나요? 저는 《어린왕자》, 《노인과 바다》, 《데미안》, 《안나 카레니나》, 《그리스인 조르바》, 《죄와 벌》 등이 떠오릅니다. 출간한 지 오랜 시간이 지났지만, 지금까지도 많은 사람들이 찾아 읽는 작품들이지요.

　이렇게 작품의 가치를 인정받아 오랜 세월 많은 사람들의 끊임없는 사랑과 존경을 받는 작품을 우리는 고전이라 부릅니다. 또 고전은 보편적인 작품성을 지녀서 지역의 구분 없이 전 세계 사람들에게 읽힙니다. 그러니 '고전'을 설명할 수 있는 가장 중요한 요소는 바로 '작품성'이 되겠네요. 읽을 때마다 새롭게 해석되고, 의미가 있는 작품, 그것이 고전입니다.

그럼 스테디셀러는 뭘까요? 고전이라는 말보다는 조금 생소할 수 있지만, 많이 쓰이는 말이지요. 스테디셀러는 오랜 기간에 걸쳐 꾸준히 잘 팔리는 책을 말해요. 작품성을 떠나 오랜 기간 꾸준히 팔린다는 점이 포인트이지요. 고전은 작품성이 먼저이고, 그 결과 오랜 기간 사랑을 받아 계속 사람들이 찾는 책인 거고요.

스테디셀러는 보통 사람들의 욕구에 잘 맞는 책, 그 시대를 사는 사람들에게 도움을 주는 책이 많아요. 물론 작품성이 높은 책도 있어요. 그런 경우 시간이 지나면 고전의 반열로 올라가지요. 스테디셀러는 일시적으로 인기가 있다 마는 책이 아니에요. 유행과 상관없이 계속 팔리는 책이 스테디셀러지요.

고전 역시 오랜 기간 꾸준히 읽히고 팔리기에 스테디셀러로 볼 수 있습니다. 그러나 시대를 초월하여 그 작품성을 높이 평가받기에 '고전'으로 따로 분류하지요. 너무 어려워서 잘 팔리지 않아도, 고전으로 불리는 작품들이 있기도 하고요.

잠시 베스트셀러 얘기도 해 볼게요. 베스트셀러는 어느 기간에 가장 많이 팔린 책을 말합니다. 보통 앞에 '올해의' 또는 '이달의' 같은 말이 붙지요. 베스트셀러는 생명이 짧아요. 짧게는 몇 주에서 몇 개월, 길어봐야 1년을 넘기는 일이 드물어요. 스테디셀러는 몇십 년 꾸준히 팔리는데 말이에요.

매해 신간이 쏟아져 나오고, 새로운 책이 인기를 얻습니다. 그럼 이전의 베스트셀러는 묻히게 돼요. 그 책의 전성시대가 끝난 거지요. 그러다 사람들의 기억 속에서 점점 사라지게 됩니다.

그럼 베스트셀러는 좋은 책일까요? 물론 베스트셀러 중에서도 좋은 책이 있지요. 하지만 모든 베스트셀러가 다 좋은 책이냐고 묻는다면, 그건 아닙니다. 좋은 책의 기준은 사람마다 다르지만, 그래도 보편적인 기준은 있어요. 전 세계 많은 사람들이 인정하는 작품은 고전이 될 수 있지만, 한 나라에서 일시적으로 많이 팔린 책은 고전이 될 수 없지요.

베스트셀러는 일정한 지역 내에서 특정 기간에 사람들에게 인기를 얻은 책입니다. 동시대를 사는 사람들의 마음을 잘 위로해주거나 욕구를 잘 건들면서도 읽기 편하게 제작된 책이지요. 가벼운 신변잡기 내용이 주를 이룰 때도 있고, 실용적인 내용이 듬뿍 담겨 있기도 합니다. 보통 시대의 흐름과 유행에 적절하게 반응한 책이 베스트셀러가 되지요. 작품성보다는 대중성과 상업성이 베스트셀러를 구성하는 핵심 요소입니다.

자, 그럼 세 종류의 책 중에서 초보 독서가들이 가장 먼저 접하는 책은 무엇일까요? 바로 베스트셀러입니다. 서점에 가도 가장 눈에 띄는 곳에 진열되어 있고, 사람들이 많이 읽었다는 말에 없었던 관심도 생기니까요. 그래서 좋은 책을 읽고 싶은데 어떤 책을 읽어야 할지 잘 모르겠다는 분들은 베스트셀러를 주로 읽으시죠. 베스트셀러 중에도 좋은 책이 많지만, 그래도 실패를 줄이고 싶다면, 어느 정도 시간을 거쳐 그 가치가 인정된 책을 읽어보라고 권하고 싶습니다. 스테디셀러요.

스테디셀러는 최소 몇십 년간 독자들의 검증을 받아온 책입니다. 그중에서 내가 읽고 싶은 책을 고른다면 후회하는 일이 적을 겁니다. 적어도 '뭐 이런 걸 책이라고 냈지?'라는 생각은 들지 않을 거예요.

스테디셀러 말고 더 검증된 책을 읽고 싶다면, 고전 작품을 권하겠습니다. 문학작품이 많긴 하지만 과학이나 경제학을 비롯해 다양한 분야의 고전들이 있으니, 그중에서 자신에게 필요하고 마음이 가는 책을 골라서 읽으시면 됩니다. 단, 너무 심오한 작품은 피하는 게 좋을 것 같아요.

어느 정도 책을 읽고, 독서의 참맛을 알아가기 시작할 때 두꺼운 고전에 도전하고 싶은 욕심이 생기기도 합니다. 하지만 초보 딱지를 뗀 지 얼마 안 된 시기에 두껍고 어려운 고전 읽기는 아직 적절하지 않다고 생각해요. 읽어볼 수는 있으나 괜스레 독서 사기만 꺾일 수 있으니까요. 이왕이면 고전의 맛을 충분히 즐기면서, 완독하는 경험을 선사해줄 책을 고르는 것이 좋습니다.

고전에는 생각보다 얇은 책도 많고요, 흥미진진한 책도 많아요. 서점에서 이것저것 살펴보고 적당한 책을 고르는 것도 좋고, 내공이 있는 독서가에게 책을 추천받는 것도 좋아요. 온라인에 올라와 있는 서평을 참고하는 것도 한 가지 방법입니다. '어려웠다, 중간에 여러 번 읽었다 멈췄다 했다, 중도 포기할 뻔했다' 같은 말이 있으면 그 책보다 다른 책을 고르는 게 좋겠지요.

여러분 스스로가 초보 독서가라고 느끼시는 분이라면 고전이나 스테디셀러를 읽으라고 권하지 않겠습니다. 초보라면 그냥 서점에 가서 자기 마음에 드는 책을 골라 읽는 게 좋다고 생각해요. 그게 가장 좋지요. 그런데 '책 좀 읽었는데, 이제 남들이 좋다고 하는 책도 읽어볼까?' 하는 생각이 드는 분이시라면, 스테디셀러나 쉬운 고전 작품을 골라서 읽어보라고 권하고 싶어요.

고전을 완독한 경험은 여러분의 독서 수준을 한 단계 높여줄 겁니다. 좀 더 깊이 있는 사색과 울림 있는 독서활동으로 여러분을 안내해줄 거예요. 만약 심혈을 기울여 고전을 한 권 읽었는데, 영 재미가 없었다면 다음엔 그냥 자신이 읽고 싶은 책을 읽으면 됩니다. 굳이 고전, 스테디셀러, 이런 말에 집착할 필요는 없어요.

모든 책은 마음이 가는 대로, 준비가 된 대로 읽으면 됩니다.

그 누구의 기준이 아닌 내 마음의 기준을 따라가면 되지요. 그 책을 읽을 사람은 바로 나 자신이니까요. 누가 대신 읽어주는 것도 아니고, 왜 그것밖에 느낀 게 없냐고 채근할 사람도 없어요. 자신의 마음이 수용할 수 있는 범위 안에서 독서활동을 해나가면 되는 겁니다.

제 얘기를 조금 하자면, 제가 가장 아끼는 고전은 어니스트 헤밍웨이 Ernest Hemingway 의 《노인과 바다》입니다. 이 소설을 읽고, 제가 인간인 것이 매우 벅차고 멋지게 느껴졌지요. 그리고 한 작품을 더 꼽자면, 《이반 데니소비치의 하루》입니다. 이 작품에서도 인간의 품격을 느꼈지요. 마지막으로 한 작품만 더 얘기한다면 《안나 카레니나》인데요, 정말 몰입해서 읽는 소설이에요. 이 작품을 계기로 레프 톨스토이 Leo Tolstoy 에 빠져 그의 다른 작품들도 다 찾아 읽게 되었지요.

이건 어디까지나 제 독서 사례고요, 여러분은 여러분의 독서를 하시면 됩니다. 자신에게 감동을 주는 작품은 남들과 다를 수 있으니, 자기가 직접 골라야지요.

독서의 맛을 좀 알겠다는 분이라면, 자신에게 잘 맞는 고전이나 스테디셀러 중에 한 권을 골라보세요. 읽을수록 여운이 느껴지고, 질리지 않는 그윽한 맛을 느끼실 수 있을 거예요.

꼬리잡기 독서의
꿀맛

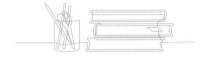

　꼬리잡기 놀이를 아시나요? 상대방에게 꼬리가 잡히면 지는 놀이지요. 어떨 땐 꼬리가 잡히면 다른 편 꼬리로 가서 붙고 나중에 꼬리가 다 잘린 쪽이 지기도 했지요. 꼬리를 잡히지 않으려고 이리저리 피하느라 넘어지고, 운동장에 살이 쓸려 아프고 속상했던 기억도 나지만, 그래도 꼬리잡기 놀이를 떠올리면 재미있었던 기억이 주를 이룹니다.

　독서도 계속하다 보면 꼬리가 붙어요. 한 권의 책을 읽으면, 그 책으로 인해 다른 책을 읽게 되는 경우가 있지요. 그 책은 또 다른 책으로 이어지고요. 그렇게 꼬리에 꼬리를 무는 독서를 하게 됩니다. 꼬리잡기 독서는 꼬리잡기 놀이처럼 재미있답니다.

기본적으로 재미가 있어야 꼬리가 끊기지 않고 이어지지요.

초보 독서가라면 꼬리잡기 독서라는 것이 별세상 얘기처럼 들릴 수도 있어요. 그러나 몇 권의 책을 성공적으로 읽어낸 경험이 있는 분이라면, 금방 꼬리잡기 독서에 들어설 수 있습니다.

재미있는 책, 유익한 책을 읽었는데, 그 책에서 언급한 책이 나의 호기심을 자극한다면, 그게 바로 꼬리잡기 독서의 시작입니다. 또 책을 읽고, 큰 감동을 받아서 그 작가의 다른 작품에도 관심이 생겼다면, 그 역시 꼬리잡기 독서의 시작이고요.

제 독서기록장에는 '읽고 싶은 책'을 쓰는 칸이 따로 있어요. 이름 그대로 책을 읽다가 그 책을 통해 읽고 싶어진 책의 제목을 적어놓는 칸입니다. 보통 한 권의 책에는 적어도 한 권 이상의 책이 언급됩니다. 또는 어떤 인물에 대한 이야기가 나오거나요. 그 내용이 나의 관심을 끌고 더 알고 싶은 마음을 들게 했다면, 그와 관련된 책이 다음에 읽을 책 목록이 되는 거지요.

이렇게 책이 이끌어주는 대로 다음 책을 읽다 보면, 잇따라 서너 권의 책을 읽게 됩니다. '친구 따라 강남 간다'는 말이 있잖아요. 책도 그래요. 좋은 책은 또 다른 좋은 책과 만나게 해줍니다. 책을 따라가다 보면 또 다른 책의 세계로 들어가게 되지요.

제 경험을 들어 좀 더 자세히 설명해 볼게요. 예전에《미치도록 가렵다》란 소설을 읽은 적이 있습니다. 김선영 작가가 쓴 청소년 소설이에요. 독서기록장에 '171쪽, 자기를 기록하고 자기를 들여다보는 사람은 언젠가는 중심을 잡게 되어 있다'라는 글귀를 옮겨 적고, '마음의 울림이 있어 좋다, 아픔에 훅 다가가는 느낌'이란 감상평을 남겼네요. 그만큼 책이 마음에 들었던 거지요.

다음 책으로 김선영 작가의《시간을 파는 상점》을 골랐어요. 같은 작가의 책을 더 읽어보고 싶어졌거든요. 두 권의 책을 읽고 나니, 청소년 소설이라는 장르 자체에 관심이 생겼습니다. 그래서《내 청춘, 시속 370㎞》,《어쩌다 보니 왕따》라는 청소년 소설을 연달아 읽었지요.

그다음으로는 청소년을 대상으로 하되, 소설이 아닌 공부 관련 책을 집어 들었습니다.《하루라도 공부만 할 수 있다면》이란 책입니다. 제게 강한 인상을 남겼던 책은 아닌 것 같아요. 별 3개로 보통 평점을 줬거든요. 그래도 이런 종류의 책을 더 보고 싶어져서《공부가 가장 쉬웠어요》라는 에세이를 읽었습니다. 1996년에 초판을 찍었으니 진짜 오래된 책이네요. 이 책은 아주 재미있게 봤던 기억이 납니다.

제 독서기록을 보면, 처음 청소년 소설을 읽고 그 작품에 꽂혀 같은 작가의 작품을 찾아 읽습니다. 이어서 다른 작가의 청소년 소설도 찾아 읽고요. 그렇게 청소년 소설을 몇 권 읽고 나니, 청소년 분야의 다른 책도 읽고 싶어서 공부 관련 에세이로 넘어가지요. 그렇게 한 권의 책을 시작으로 총 6권의 책을 꼬리잡기 독서로 읽은 겁니다.

이렇게 같은 작가라는 공통점을 가지고 꼬리를 잡을 수도 있고, 같은 분야에서 다음 책을 고를 수도 있어요. 또 그 분야에서 다루는 대상을 연결고리 삼아 다음 책으로 넘어갈 수도 있지요. 주제의 유사성으로 꼬리잡기 독서를 할 수도 있고요. 꼬리를 잡는 방법은 아주 다양해요. 어떤 방법이든 간에 그 기본은 호기심이 이끄는 대로 한다는 것이지요. 그렇게 흐름을 타다 보면 어느새 여러 권의 책을 읽어낸 자신을 발견하게 됩니다.

꼬리잡기 독서에서 중요한 건 첫 책이에요. 첫 책이 재미있고 유익하면 다른 책으로 넘어가기 쉽거든요. 그래서 책을 고를 때 베스트셀러라고 무작정 집어 들지 말고, 시간을 투자해서 진짜 마음에 드는 책을 고르라고 말씀드리는 거예요. 시간과 발품을 들여 고른 그 책은 또 다른 책을 끌고올 가능성이 크니까요.

한 번의 성공 독서의 경험은 또 다른 성공 독서의 경험을 불러옵니다. 그 성공의 바탕에는 재미와 흥미, 유익함이 깔려 있지요. 꼬리잡기 독서의 꿀맛을 한번이라도 느껴본 사람은 압니다.

독서 근육을 키우는 데 아주 그만인 방법이라는 것을요.

내 관심과 흥미에 따라 자연스럽게 다음 책으로 이어지니, 흥이 절로 납니다. 책을 고르고 읽는 데, 부담이 적기 때문에 독서 흐름이 쭉 이어지지요. 남들이 좋다는 책을 읽는 것보다 독서에 자신감도 붙고요.

자, 이제 꼬리잡기 독서를 할 준비가 되셨나요?

첫 책을 잘 골라봅시다. 꼬리가 잘리지 않고, 쭉 이어지는 그런 책으로 말이에요.

관심 분야
책 파기

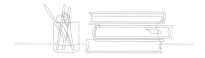

두더지도 아니고 책 파기라니? 이상하지요. 그러나 다시 생각해 봐도 이 표현이 딱 맞습니다. 책 파기는 흥미가 꽂힌 분야의 책을 쭉 읽는 겁니다. 마치 두더지가 굴을 파듯이, 한 방향으로 쭉 파고 들어가는 것이지요.

꼬리잡기 독서와 비교해서 설명해 볼까요. 꼬리잡기 독서는 먼저 읽은 책이 다음 책에 영향을 줍니다. 주제로 꼬리를 잡다 작가로 꼬리가 이어지고, 같은 소재나 대상으로도 옮겨가는 것이 꼬리잡기 독서입니다. 주제, 작가, 분야, 장르, 대상 등 한 가지 요소만 연관 돼도 꼬리를 이을 수 있기 때문에 전체적인 맥락에서 보자면 큰 연관성이 없을 수도 있어요. 두서없이 떠오르는 생각을 이어나가는 마인드맵처럼요.

꼬리잡기 독서는 보통 몇 권을 연달아 읽다가 지루해질 즈음, 혹은 더 이상 이어질 책이 없을 때 끝이 납니다. 한 번의 꼬리잡기가 끝난다는 얘기이지요. 꼬리잡기로 읽는 책은 길어야 10권 이내입니다. 보통은 두세 권, 또는 서너 권 정도로 끝나요.

관심 분야 책 파기는 그렇지 않아요. 10권 정도로 끝나지 않고, 더 많은 책을 계속해서 읽습니다. 권수가 늘수록 심도 있는 책을 찾아 읽지요. 누가 시켜서 하는 것이 아니고, 스스로의 욕구에 의해 독서 행위를 지속해나갑니다. 이것은 해당 분야의 책을 의무적으로 읽지 않기에 가능한 일입니다.

한 분야의 책을 깊이 파는 독서는 논문을 쓸 때 필요하지요. 논문을 쓰려면 참고 문헌을 많이 읽어야 합니다. 이때의 독서는 욕구라기보다는 의무에 가까워요. 많이 읽어야 논문의 내용이 충실해지기 때문에 재미가 있든 없든 무조건 많이 읽습니다.

이렇게 책을 읽으면 지식의 폭이 넓어진다는 장점이 있지만 읽는 내내 지겨운 것도 사실입니다. 이 많은 것을 언제 읽나 싶어 한숨이 나오기도 하죠. 그래서 때때로 필요한 내용만 골라서 읽는 발췌독을 하기도 합니다.

하지만 관심 분야 책 파기는 다릅니다. 스스로 파는 관심 분야의 책은 지겹지 않지요. 아무리 어려워도 감당할 마음의 준비가 되어있기 때문에 그 책을 거뜬히 읽어냅니다. 순간순간 지겹더라도 중요한 부분만 골라 읽지 않아요. 발췌독을 할 것 같았으면, 애초에 그 책을 잡지도 않았을 테니까요. 한마디로 관심 분야 책 파기 상태의 독서가는 책의 난이도에 큰 영향을 받지 않습니다. 관심 분야의 책이고, 일단 자신이 선택한 책이라면 대부분 정독으로 완독해내지요.

의무적으로 한 분야를 깊이 파는 독서와 또 다른 점은 책을 읽은 뒤 소감입니다. 마음가짐이 다르기 때문에 결과도 다르게 나타나요. 스스로 감당할 마음의 준비를 한 사람은 책을 읽으면서 느끼는 지겨움도 긍정적으로 해석합니다. '어렵긴 하지만 중요한 내용이야. 도움이 됐어.' 이런 식으로요. 과정은 어렵지만, 결국 그 배움이 만족감을 주었기에 '재미있다, 희열이 느껴진다'라고 소감을 밝힐 수 있는 거지요.

여러분은 한 분야의 책을 얼마나 읽으면 전문가가 될 수 있다고 생각하세요? 대략 100권쯤 읽으면 전문가 소리를 들을 수 있을까요? 개인적인 경험으로는 100권 가지고는 부족하다고 생각해요. 전문가가 되려면 더 많은 책을 읽어야 합니다. 그래도 100권의 독서량이면 그 분야만큼은 보통 사람보다 많은 지식을 갖게 되는 것은 사실이에요.

그렇다면 관심 분야는 어떻게 생기는 걸까요? 그건 사람마다 다릅니다. 책을 읽다가 관심 분야가 생길 수도 있고, 처음부터 관심 분야가 정해져 있어서 그 분야를 파고들 수도 있어요. 꼬리 잡기 독서를 하다가 우연히 관심 분야가 생겨서 해당 분야의 책을 파게 될 수도 있지요.

특별한 계기로 관심 분야가 생기는 경우도 있고, 해당 분야를 파게 된 계기는 알지 못하나 그 분야의 책을 계속해서 찾아 읽는 경우도 있습니다. 접근 방법이야 어쨌든 한 분야의 책을 쭉 읽은 사람은 그 분야의 전문 지식이 쌓이게 됩니다.

제 경우엔 6년 전부터 특정 분야의 책을 파고 있습니다. 의도한 건 아닌데, 책을 읽다 우연히 그렇게 됐어요. 제 평생 그런 어려운 분야, 고리타분한 분야에 관심이 갈 줄은 몰랐어요. 그 분야와 관련된 책을 읽는다는 것 또한 제 상식에는 없었지요. 그런데 어느 순간 그렇게 됐어요. 꼬리잡기 독서를 하다가 그 분야에 꽂혀 깊이 파고들게 되었지요.

관심 분야 책 파기를 여행길에 비유하자면 왔다 갔다 하며 여기저기 환승하는 것이 아니라, 한 가지 이동수단을 타고 쭉 가는 거라 생각해요. 마치 시베리아 횡단 열차처럼 말이지요.

이게 제가 경험한 관심 분야 책 파기의 모습입니다. 목적지를 생각하고 탔을지 모르겠으나, 실은 목적지도 없어요. 책을 읽을수록 오히려 목적지가 모호해집니다. 그저 계속 공부가 필요하다는 깨달음만 얻지요. 마치 소크라테스가 '나는 내가 모른다는 것을 안다'라는 말을 했던 것처럼 말이지요. 공부를 할수록 자신이 모른다는 것을 알아가는 것, 그것이야말로 학문의 진리 같습니다.

갑자기 학문의 진리라니, 이게 무슨 뜬구름 잡는 이야기인가 싶지요? 그러나 꾸준히 책을 읽으면 말이죠, 어느 날 본인이 이런 뜬구름 잡는 이야기를 하고 있을 수도 있습니다. 세상은 변수로 가득 차 있거든요.

마찬가지로 두더지처럼 깊이 있게 한 분야를 파는 독서가의 모습이 남의 이야기가 아니라 바로 여러분의 이야기일 수 있습니다. 인생은 알 수 없으니까요.

내 관점으로 이해하는
비판적 읽기

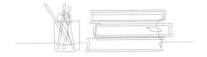

학교 수업시간에 학생들에게 효과적인 읽기 방법을 가르칠 때가 있습니다. 국어 교과서에는 다양한 읽기 자료들이 실려 있는데요, 그 자료를 통해 독해 기술을 가르치도록 학습 목표가 설정되어 있어요. 그중에서도 비판적 읽기는 매우 중요한 독서 전략으로 교과서에 반드시 제시되어 있답니다.

그럼 비판적 읽기가 뭔지 함께 살펴볼까요? 쉽게 생각해서 일단, 제목을 보고 궁금해하는 겁니다. 제목과 관련해서 자신이 알고 있는 내용이나 경험을 떠올리는 것도 포함되지요. 그걸 배경지식의 활성화라고 하는데요, 비판적 읽기를 하려면 배경지식을 활용하는 능력이 필요하거든요.

보통 책의 제목에는 글의 주제나 관점이 반영되어 있어요. 그래서 제목을 보고 어떤 내용일지 예측해 보는 거죠. 제목을 보고 떠오른 생각이나 느낌도 정리해 보고요. 그리고 제목을 통해 짐작되는 글의 핵심 내용에 대해 비판적으로 생각해 보는 겁니다. 이게 바로 비판적 읽기의 시작입니다

비판적 읽기를 하려면 먼저 글의 내용을 사실적으로 이해해야 해요. 사실적 이해를 바탕으로 자신의 가치관, 경험, 배경지식을 활용하여 작가가 말하는 내용에 대해 비판적으로 생각해 보는 거지요. 독자인 나와 작가와의 끊임없는 대화의 과정이 독서인데, 원활한 대화가 이루어지기 위해선 먼저 글을 있는 그대로 읽고 이해하는 과정이 필요하지요.

우리가 누군가와 대화할 때도, 그 사람이 말한 내용을 제대로 알아듣는 게 기본이잖아요. 말한 사람이 하지도 않은 말을 했다고 우기거나 그 사람의 질문에 엉뚱한 대답을 한다면 대화가 잘 이루어지지 않겠지요. 그래서 사실적 이해가 선행되어야 합니다. 있는 그대로 내용을 잘 파악한 뒤, 그에 대한 내 생각을 밝히는 것이 좋지요. 글을 읽을 때도 마찬가지입니다.

글을 비판적으로 읽어야 하는 까닭은 세상에 완벽한 인간은 없기 때문이에요. 당연히 작가도 그렇지요. 정확하지 않은 내용,

적절하지 않은 내용을 마치 사실인 양, 최고인 양 서술해놓을 수 있어요. 작가의 편협한 시각이 고스란히 반영되어 있을 수도 있고, 관점 자체가 문제를 일으킬 소지가 있는 글일 수도 있지요. 그러니 유명한 작가라고 그가 쓴 글을 무조건 수용하며 읽는 것은 좋은 태도가 아니에요. 물론 작가의 말을 경청하는 것은 중요합니다. 그러나 그보다 중요한 건 작가의 말을 나의 관점에서 받아들이는 거예요.

삶을 살아갈 때 우리는 수많은 선택의 순간을 만나지요. 하물며 밥을 먹을 때조차 뭘 먹을지 판단과 선택이 필요하잖아요. 여행을 갈 때도, 일을 할 때도 그렇지요. 결국 나의 욕구와 상황을 고려하여 내가 선택을 해야 합니다. 그리고 현명한 선택을 위해서는 생각하는 힘이 있어야 해요.

인생을 살면서 어떤 문제에 부딪혔을 때, 선택의 기로에 섰을 때 나 대신 누가 답을 줄 수 있을까요? 세상일에 정답은 없어요. 마찬가지로 아무리 좋은 책이라고 해도 작가의 말이 100퍼센트 정답일 수는 없지요.

작가는 자신의 삶과 지식을 바탕으로 글을 쓴 것이지만, 그 글을 읽는 나에게도 살아온 삶과 가치관이 있잖아요. 그러니 나의 경험을 배제한 채 작가의 말을 그대로 수용하지 말고, 스스로 생각하고 판단하며 읽어야 하는 것이지요. 그것이 적극적이고

능동적인 독서가의 모습입니다.

예를 들어 똑같은 소재를 다뤄도 작가에 따라 글의 주제가 완전히 달라질 때가 있지요. 글쓴이의 생각이 반영되기 때문입니다. 그럴 때 독자인 우리는 서로 다른 입장의 두 작품을 읽으며 어느 글이 더 신뢰가 가고, 공감이 되는지 판단하며 읽게 됩니다. 이것이 바로 비판적 읽기지요.

독서 내공이 부족했던 20대 때의 저는 책을 읽으면, 작가의 생각을 있는 그대로 수용하는 편이었어요. 그러다 사회 경험이 조금씩 쌓이고, 책을 더 많이 읽게 되면서 제 생각을 드러내기 시작했지요. 처음엔 어색하고 불편했어요. 책을 쓸 정도로 지식이 풍부한 작가와 다른 생각을 한다는 것 자체가요. 괜히 주눅 들고 밀리는 기분도 들고요.

하지만 책의 내용을 수용하고 말고는 읽는 사람의 마음 아니겠어요. 영 아니다 싶으면 딴지를 걸 수도 있고, 논리성은 다소 떨어져도 감정적 측면에서 나의 견해를 펼칠 수도 있는 거지요. 처음엔 단순히 싫다는 말로 끝일 수 있어요. 하지만 자꾸 하다 보면 생각도 늘지요. 나중에는 왜 싫은지, 어떤 점에서 작가의 의견에 반대하는지 자신이 생각을 정리해서 말할 수 있어요.

예전에 수업시간에 다루었던 문학작품 하나가 떠오르네요.

어느 유명 작가의 소설을 가르치고 있었는데요, 1990년대 처음 출간된 작품이에요. 그런데 작품 속 인물들의 말과 행동이 거슬리더라고요. 예전 같았으면 평이하게 읽혔을 인물의 말과 행동도 오늘날의 감수성으로 보기에는 '세상에! 이게, 말이 돼?'라고 느끼게 하는 부분이 꽤 많이 있었지요.

교과서에 실린 부분은 직장 내 한 사람을 여러 명이 놀리는 장면이었어요. 그 상황을 코믹하게 묘사하고 있었지요. 소설 속 해당 인물은 무던한 성격이라 그 상황을 전혀 불쾌해하지 않는 것으로 그려져 있었으나, 그 글을 읽는 제가 많이 불편했습니다. 주변 인물들의 적절하지 않은 말과 행동에 '이러면 안 되지.' 하는 생각이 자꾸 들었거든요. 인물의 수더분한 모습에 초점을 둔 작품의 주제의식에도 동의할 수 없었고요.

시대의 흐름에 따라 같은 작품이라도 다르게 평가될 수 있지요. 1990년대에는 그 장면이 일반적인 모습이라 아무렇지 않았을지 몰라요. 하지만 2020년대를 살아가는 저에겐 참으로 불편했지요. 교과서에 실릴 만큼 작품성을 인정받은 소설이지만, 오늘날 시대적 감수성에서 볼 때는 비판의 소지가 충분해 보였습니다. 이렇게 작품과 시대적 정서, 그 적절성을 판단하는 독자의 생각 역시 비판적 읽기지요.

사실적 읽기도 쉽지는 않아요. 작가가 말하는 내용을 있는 그대로 파악하는 데도 많은 연습과 노력이 필요합니다. 비판적 읽기는 단순히 내용을 이해하는 것에서 더 나아간 한 차원 높은 독서활동이기 때문에 더 어렵지요. 책 좀 읽어봤다 하는 사람도 쉽지 않은 게 비판적 읽기에요.

하지만 글의 객관성, 정확성, 신뢰성 따위를 판단하며 읽는 비판적 읽기는 꼭 필요한 독서 스킬이기도 합니다. 특히 불확실한 정보가 난무하는 오늘날의 미디어 환경에서는 더 그렇지요.

이제 막 책을 읽기 시작하신 분도 실천은 어려워도, 비판적 읽기라는 것이 있다는 걸 알고 계시면 좋겠어요. 어느 날 책을 읽다가 '이건 아닌 것 같은데, 작가가 뭔가 잘못 생각하는 것 같아.'라는 생각이 든다면, '내가 지금 책을 잘 읽고 있구나!' 하는 셀프 칭찬과 함께 비판적 읽기를 계속 시도할 수 있게요.

그렇게 생각하는 힘이 커지면요, 글의 신뢰성, 타당성을 따져가며 보는 것은 물론이고, 사회·문화적 상황, 윤리적 기준, 시대적 흐름까지 연결 지어서 책을 읽을 수 있게 된답니다.

5장
◇◇◇

책을 나누는 시간과
공간 찾아 나서기

책을 나누면
생기는 변화

　오랜 시간 같이 책을 읽어온 독서모임이 있습니다. 하나는 동료 교사들끼리 만든 모임으로 벌써 12년째 활동 중에 있고요, 다른 하나는 아이와 함께하는 독서모임으로 8년을 같이 했습니다. 이 모임들이 저에게 어떤 변화를 일으켰는지 얘기해 볼게요.

　책을 다른 사람들과 나누면 아주 많은 변화가 일어나요. 그중에서도 가장 좋은 점을 뽑자면, 진실한 친구가 생긴다는 겁니다. 같이 할 사람이 있다는 것은 연대감을 주지요.

　만나서 책 얘기를 하다 보면, 일상 이야기부터 고민거리는 물론이고, 어느새 각자의 삶 얘기를 하게 됩니다. 오랜 시간 속내를 털어놓고 지내온 사람이 친구가 아니면, 누구를 친구라고 하겠어요. 그냥 친구도 아니고, 소중한 친구지요.

엄마들에게 맘카페가 인기가 있는 것도 같은 이유에서입니다. 처음엔 다들 육아에 대한 정보를 얻고, 도움을 받기 위해 가입하지요. 그러다 아이와 자신의 일상을 공유하고, 자신의 힘듦을 풀어놓고 위로를 주고받는 소통의 공간으로 활용합니다.

우리는 모두 소통이 필요하지요. 독서동아리나 맘카페나 소통의 공간이 된다는 점에서는 같아요. 그러나 맘카페가 어디까지나 온라인상의 만남이라면, 독서동아리는 직접 만나서 얼굴을 보고 애기를 나눈다는 점이 다르지요. 대화의 중심도 '아이'가 아니라 '책'이 되고요. 책과 관련하여 엄마 자신의 삶이 주된 관심이 되는 겁니다.

국공립학교 교사들은 일정 기간이 지나면 학교를 옮기는데요, 그럴 때마다 정들었던 동료들과 이렇게 인사합니다. "우리 조만간 만나요." 그 마음은 진심입니다. 마음은 진심이지만, 다들 알고 있지요. 그렇게 보고 싶은 동료도 학교를 옮기고 나서 한두 번 만나면, 그다음 만남은 쉬이 이루어지지 않는다는 것을요.

친목 모임은 보통 그래요. 만나는 횟수가 고정되기 힘들죠. 또 만나서 오랜 시간 수다를 떨면 재미있고 좋다가도, 집에 돌아오면 왠지 모를 공허함이 몰려오기도 합니다. 즐겁긴 했으나 영

양가 없는 애기를 하느라 시간을 버린 느낌 말입니다.

그러나 독서모임은 그렇지 않습니다. 진지한 대화가 오가기 때문에 시간이 아깝다거나 마음이 공허해지지 않아요. 항상 얻는 것이 있습니다. 다른 일로 마음이 상했을 때도 모임에 다녀오면 마음이 달래집니다. 아무래도 제 이야기에 진심으로 귀를 기울어주고, 같이 고민해주는 사람들이 있기 때문인 것 같아요.

모든 독서모임이 다 그러냐고요? 물론 그렇지 않을 수도 있어요. 어느 모임이든 분위기는 구성원 각자가 만듭니다. 진실한 관계가 유지되는 모임이라면 저와 같은 경험을 하실 거예요.

만약 여러분이 속한 동아리에 따뜻함과 위안이 없다면 어떨까요? 지식 자랑에만 바쁘고, 서로를 위하는 마음이 없는 모임이라면요. 원하는 것이 지식의 습득과 공유라면 그런 모임도 괜찮겠지요. 하지만 진실된 마음을 교류하는 독서모임을 원하는데, 그런 모습만 보인다면 다시 생각해 볼 일입니다. 그런 경우에는 다른 모임을 찾아보거나 새로 모임을 만들든가 해야지요.

좋든 안 좋든 독서모임을 해 보지 않고서는 그 좋고 나쁨을 말할 수 없지요. 책을 읽기 시작한 분이라면, 독서모임에 참여해 보라고 말씀드리고 싶어요. 독서한 것을 나누었을 때 책을 통해 얻은 지식이 진정으로 내 것이 되고, 이를 다른 사람과 공유하면서 더 큰 것을 얻게 된답니다.

오랫동안 독서동아리 활동을 하면서 전국 각지의 독서동아리를 만날 기회가 있었습니다. 그중에서도 80대 할머니들로 구성된 20년 된 동아리, 40대 아저씨들로 구성된 고전 원서 읽기 동아리, 시누이와 올케, 오빠, 여동생 등 형제들이 모여 꾸린 독서동아리는 정말 색달라서 아직도 기억이 납니다. 그분들과 어떻게 동아리를 만들었고, 또 꾸려나가고 있는지 이야기를 나눠봤는데요, 다들 자신의 독서동아리에 대해 담담하면서도 뜨거운 열정을 갖고 있었어요.

할머니들로 구성된 독서동아리를 통해 제가 배운 것이 하나 있는데요, 바로 지적 탐구는 나이와 전혀 상관이 없다는 깨달음이었습니다. 그분들 말씀이 읽기 쉬운 책보다 무게감 있는 대작을 골라서 같이 읽는대요. 그 말씀을 듣고 깜짝 놀랐습니다. 그 연세에도 어려운 책을 저렇게 열심히 탐독할 수 있구나 하고 감탄이 절로 나왔지요.

보통 나이 든 어르신들은 그날이 그날이고, 재미있는 일이 특별히 없다고들 하시잖아요. 그런데 그분들은 아니었습니다. 함께 책을 읽고 정기적으로 모여 생각을 나누는 할머니들의 삶에는 무료함 대신 활기가 느껴졌어요. 할머니들 독서동아리는 어떻게 만들어졌냐고요? 앞집, 뒷집, 옆집 이웃끼리 삼삼오오 모여 책을 읽기 시작한 게 20년이 넘었다네요. 정말 멋지죠?

시누이와 올케, 오빠, 여동생이 모여 만든 독서동아리도 참 특이했어요. 정말 대단한 집안 아닌가요? 그 집안 아이들은 독서의 중요성을 몸으로 느끼며 자랄 거예요. 어른들이 모여서 독서토론을 하고, 때때로 작가를 초정해 대담을 나누는 집이라니, 그런 집에서 자란 아이들은 정말 남다를 겁니다.

이 특별한 가족 동아리와 제가 속한 동아리가 연합해서 저자와의 만남을 가진 적이 있는데요, 이분들 독서력이 정말 상당하시더라고요. 독서모임을 한두 해 해온 게 아니라 하니, 당연한 일이겠지요. 그분들을 보니 형제간의 심한 갈등은 없겠구나 싶었어요. 수시로 모여 이야기를 나누니까요.

책을 나누면 친구가 생겨요. 그 친구들과 함께 지적 성장을 할 수 있지요. 자녀들에게 살아 있는 독서교육도 할 수 있고요. 삶의 윤기가 더해지는 것은 물론이고, 심심하지 않은 삶을 꾸려나갈 수 있습니다.

또 책 속에서 얻은 배움을 다른 사람과 나누면요, 과거의 나보다 더 똑똑해집니다. 독서동아리 활동을 꾸준히 해온 분이라면 이 말에 다들 동의하실 거예요. 또 독서 경험을 나누다 보면 말할 기회가 계속 주어지기 때문에 말주변도 늘어요. 논리적인 말하기, 상대방에게 자신의 생각을 효율적으로 전달하는 말하기, 공감되는 말하기 등 다양한 측면에서 화술 능력이 골고루 발달하지요.

그뿐만이 아닙니다. 책을 나누면요, 새로운 길이 보여요. 자기 자신의 새로운 가능성을 발견하게 되지요. 혼자 독서할 때도 이건 가능해요. 하지만 같이 할 때 그 속도가 훨씬 빨라집니다. 옆에서 물어봐주고 추임새를 넣어주는 사람들이 있으니까요. 자각할 기회가 많아지고, 그 기회가 더 빨리 오게 되는 거지요.

마지막으로 책을 읽고 생각을 나누면요, 유연한 사고를 할 수 있게 됩니다. 다른 사람의 생각을 들어볼 기회가 주기적으로 생기니까 자기 안에 갇히지 않게 되지요. 나와 다른 의견에 귀를 기울이는, 수용력 있는 사람이 될 수 있어요.

독서생활을 꾸준히 이어나가고 싶으신 분이라면 독서동아리에 도전해 보세요. 마음 맞는 사람들끼리 힘을 합쳐 모임을 만들어도 좋고, 잘 운영되고 있는 동아리를 찾아 회원으로 가입해도 좋습니다. 나와 궁합이 잘 맞는 독서동아리 하나면 좋은 책, 좋은 생각, 좋은 사람을 한꺼번에 만날 수 있어요.

독서동아리를
선택하는 기준

자, 이제 마음이 맞는 사람들과 함께 독서를 하고 싶은 바람이 생기셨나요? 그렇다면 독서동아리에 대해 자세히 알아봅시다. 독서동아리의 종류는 아주 다양합니다. 지역별, 연령별, 운영 방법, 책의 종류, 구성원의 특징에 따라 천차만별이에요. 이렇게 많고 많은 독서동아리 중에서 나와 잘 맞는 동아리를 고르려면, 먼저 나만의 기준을 세워야 합니다.

쇼핑을 할 때도 '오늘은 원피스를 볼래.' 혹은 '오늘은 청바지를 사겠어.' 하고 마음을 먹고 가야 고르기가 쉽잖아요. 마찬가지예요. 정말 다양한 종류의 독서동아리가 있기 때문에 기준을 정하는 게 좋아요.

자신에게 잘 맞는 독서동아리를 선택하려면 대략적으로나마 어떤 종류의 독서동아리가 있는지 알아야겠죠. 각각의 동아리 특징을 살펴보고, 어떤 형태의 동아리가 자신과 궁합이 잘 맞을지 생각해 봅시다.

아는 사람끼리 책 읽기

이미 잘 굴러가고 있는 동아리에 들어가는 것보다 새로운 동아리를 만드는 게 심리적 부담이 적을 수 있습니다. 마음이 맞는 주변 사람들에게 함께 책을 읽자고 권해 보는 거지요.

처음부터 체계적이고 규모가 있는 동아리를 구성하려 애쓸 필요는 없어요. 현실적으로도 불가능하고요. 구성원이 두세 명인 소모임으로 시작하는 게 좋습니다. 만약 나 빼고, 단 한 명뿐이라면? 그것도 좋습니다. 일단 나와 생각을 공유할 사람이 한 명이라도 있으면, 그렇게 동아리 활동을 시작하면 됩니다.

아는 사람끼리 모여 동아리를 만들면 구성이 쉽고, 활동할 때 나를 오픈하는 게 편하다는 장점이 있습니다. 그러나 구성원의 의지가 약한 경우 하나마나한 모임이 될 위험이 높다는 단점도 있어요. 아는 사람끼리 모여 독서동아리를 만들 때 중요한 것은 구성원의 의지예요. 모든 동아리가 그렇듯이, 독서동아리도 책을 계속 읽겠다는 구성원의 의지가 무엇보다 중요하지요.

주변에 독서를 하겠다고 다부지게 마음을 먹은 사람이 없다고요? 그럴 경우 아무하고나 독서동아리를 만드느니, 독서를 열심히 하고 즐겨 하는 사람들이 있는 공간에 찾아가는 것을 권해 드립니다.

독서동아리 찾기

이미 만들어진, 낯선 사람들로 구성된 독서동아리에 참여하기로 결정했다면, 이제 어떤 모임에 참여할 것인지 골라야겠죠?

초보 독서가라면 지리적으로 가까운 곳을 선택하는 것이 좋습니다. 모임에 빠지지 않고 꾸준히 참석하려면, 일단 접근성이 좋아야겠지요. 특히나 시간적 여유가 많지 않은 엄마 독서가에게 접근성은 매우 중요한 요소입니다.

그럼, 어떻게 지리적으로 가까운 독서모임을 찾을 수 있을까요? '독서동아리지원센터 http://www.readinggroup.or.kr'라는 웹 사이트가 있습니다. 이 사이트를 방문하시면, 전국에 있는 독서동아리 정보를 얻을 수 있어요.

지역별 검색 기능이 있어서 근거리에 있는 독서동아리를 클릭 몇 번으로 찾아볼 수 있고요. 위치 정보와 함께 해당 동아리에 대한 상세한 정보가 등록되어 있어 발품을 팔지 않아도 손쉽게 주변에 있는 독서동아리 정보를 얻을 수 있지요.

어떤 종류의 책을 주로 읽는지부터 회원 구성, 모임의 진행 방식, 목적, 일시, 장소 등 웬만한 정보는 다 나와 있기 때문에 동아리를 선택하는 데 많은 도움이 됩니다. 무엇보다 좋은 점은 대표자의 이메일 주소가 나와 있어서 언제든지 문의를 할 수 있다는 거예요. 모집중이라는 글씨가 떠 있으면 현재 회원을 모집한다는 뜻이니, 더 자세한 정보나 가입 절차를 알고 싶으신 분은 대표자에게 연락을 하면 됩니다.

독서동아리지원센터 말고도 자신이 사는 지역 내 독서동아리를 알아보는 방법이 또 있습니다. 각 지열별 도서관 웹 사이트를 이용하는 겁니다. 도서관 홈페이지를 방문하면 우리 지역에서 활동하는 독서동아리가 잘 소개되어 있어요. 보통 아이와 연계된 독서활동을 하는 곳이 많지만, 성인을 대상으로 하는 모임도 있으니 잘 찾아보시길 바랍니다. 도서관을 통한 독서동아리는 도서관 대내외 활동에 참여해야 하는 경우가 있어요. 나의 성장에 도움이 되긴 하지만, 다른 한편으로는 부담감을 주는 요소로 작용하기도 하니 잘 생각해 보시고 선택하는 게 좋겠네요.

자, 접근성을 고려해 가까운 곳에서 모임을 갖는 독서동아리를 몇몇 군데를 후보에 올려놓으셨나요? 그렇다면 이제 책의 종류, 모임의 주기와 진행 방식 등이 나와 맞는지 살펴봅시다.

자유 독서모임와 지정 독서모임

책 선정 방법에 따라 모임을 분류할 수 있는데요, 자유 독서모임과 지정 독서모임으로 나눌 수 있어요. 자유 독서는 말 그대로 회원 각자가 읽고 싶은 책을 자유롭게 읽고 오는 겁니다. 그렇기 때문에 자신이 읽은 책을 발표하는 형태로 진행되지요.

제가 속해 있는 독서동아리는 둘 다 자유 독서모임이에요. 구성원 모두가 이 방식을 더 선호합니다. 조금 더 세분화하면, 각자 읽고 싶은 책을 자유롭게 읽고 오는 자유 독서모임도 있고, 어떤 주제를 정한 다음 그 주제에 맞는 책을 읽고 와서 이야기를 나누는 자유 독서모임도 있어요.

지정 독서모임은 좀 더 일반적인 방법이에요. 모임 전에 책을 한두 권 선정해서 모든 구성원이 그 책을 읽고 오는 방식으로 운영하지요. 책을 읽은 뒤 일정한 형식에 의해 발제할 주제를 정하고, 그 문제에 대해 토론하는 형태로 모임이 진행됩니다.

지정 독서는 한 권의 책을 공유하고, 같은 주제로 이야기를 나눌 수 있다는 장점이 있습니다. 그러나 종종 개인의 취향과 수준에 맞지 않는 책을 무조건 읽어야 한다는 단점도 있어요.

자유 독서와 지정 독서 모두 각자의 장단점이 있기 때문에 잘 비교해 보시고, 그중에서 본인의 성향에 잘 맞는 모임을 선택하면 됩니다.

정기 모임과 비정기 모임

모임 주기에 따라 독서동아리를 분류하면 정기 모임과 비정기 모임으로 나눌 수 있는데요. 자신의 상황을 고려해 선택하는 것이 가장 좋겠지만, 불가피한 경우가 아니라면 정기 모임을 권하고 싶습니다.

고정된 날짜가 있어야 스케줄을 비우고 모임에 참석할 수 있어요. 동아리 활동을 지속하기 위해서는 구성원들 간의 만남이 끊이지 않고 이어지는 것이 매우 중요합니다. 제가 참여하고 있는 독서동아리 중 하나는 정기 모임인데요, 매월 둘째 주, 넷째 주 금요일로 날짜가 고정되어 있어서 편해요. 무조건 그날은 비워놓고 스케줄을 짜기 때문에 빠지지 않고 참석할 수 있지요. 회원들 간에 날짜를 조율하느라 에너지를 소모할 일도 없고요.

지금까지 대략적으로 어떤 종류의 독서동아리들이 있는지, 어디서 정보를 찾을 수 있는지 알아보았습니다. 이제는 실천입니다. 검색을 시작하세요. 부지런히 검색하시고, 자신에게 가장 잘 맞는 독서모임을 골라 보시길 바랍니다.

독서동아리의
세 가지 특징

첫째, 잘 말한다.

둘째, 잘 듣는다.

셋째, 잘 이해한다.

제가 생각하는 독서동아리의 세 가지 특징입니다. 독서동아리는 기본적으로 책을 읽고, 생각을 나누는 모임이지요. 고로 참여하는 회원 모두 책을 읽어야 합니다. 자유롭게 책을 읽는 자유 독서모임이든, 정해진 책을 공통으로 읽는 지정 독서모임이든 책을 읽고 진지하게 이야기를 나눈다는 점은 같습니다.

모임의 소요 시간은 보통 한두 시간 정도인데요, 구성원의 수

나 진행 방식에 따라 조금씩 달라져요. 정해진 시간 동안 책 내용, 인상 깊었던 점 등을 얘기하지요. 책에서 다루는 문제에 대한 자신의 생각을 밝히기도 하고요.

독서동아리는 구성원의 역할이 고정되어 있지 않고 계속 바뀝니다. 한 사람이 계속 발표하고, 그 생각을 공유하는 형태로 운영되는 모임은 극히 드물 거예요. 대부분이 구성원 각자가 자신의 생각을 자유롭게 이야기하는 방식으로 진행되지요.

책을 읽고, 자신의 생각을 말하는 것이 부담되신다고요? 괜찮아요. 처음엔 누구나 어렵습니다. 한 권의 책을 읽고, 자신의 생각을 짧게 압축해서 말한다는 것은 절대 쉽지 않아요. 이 '짧게'라는 것이 생각보다 어려워요. 말하다 보면 횡설수설하기 쉽지요.

말하기는 훈련입니다. 발표도 훈련이고요. 그래서 말할 기회가 많을수록 말솜씨도 늘어요. 독서동아리 활동을 오래 한 사람은 말을 잘하게 됩니다. 자신의 생각을 말하는 것에 익숙해져 있어서 자신이 말해야 할 상황에서는 주저 없이 말을 하지요.

제 주변에는 독서동아리 활동을 하면서 발표력이 좋아진 사람이 아주 많아요. 거의 다 남들 앞에서 말하는 것을 매우 불편하게 여겼던 사람들이에요. 그런데 자꾸 말을 해 버릇 하니까 자신의 생각을 조리 있게 말하는 능력이 눈에 띄게 늘더라고요.

말하기에 자신 없으신 분, 뭘 말하려면 요점 없이 횡설수설하게 되어서 속상하신 분은 독서모임에 나가보세요. 확 달라집니다. 진짜예요.

독서동아리의 두 번째 특징은 '잘 듣기'입니다. 말하기와 듣기는 서로 연결된 의사소통 기능이지요. 말을 잘 하려면 잘 들어야 해요. 일상적으로 대화를 주고받는 음성언어 상황을 생각해 볼까요? 음성언어 상황에서 긴밀한 의사소통이 이루어지기 위해서는 상대방의 표정이나 몸짓을 잘 봐야 합니다. 발화 상황도 고려해서 의사소통을 해야 하고요.

그런데 이런 요소들 말고, 우리가 가장 주의를 기울여야 할 것이 있어요. 바로 상대방이 하는 말입니다. 독서모임은 기본적으로 여러 명이 모여서 책에 대한 이야기를 나누는 것이 목적이기 때문에 '듣기' 능력이 요구됩니다. 그냥 듣기도 아니고 주의 깊게 듣는 '경청'이 필요하지요.

대화라는 것은 둘 이상이 이야기를 주고받는 과정이에요. 그래서 상대방이 한 말에 자꾸 엉뚱한 대답을 하거나 듣는 태도가 나쁘면 대화가 이어지지 않습니다. 당연히 획득하고자 하는 의사소통 목적도 얻기 힘들고요.

특히 독서모임에서는 다른 사람의 말을 계속 들어야 해요. 내가 말하는 시간보다 다른 사람의 말을 들어야 하는 시간이 더 많지요. 간혹 내 생각을 덧붙일 때도 있지만요.

혹시 듣는 건 자신 있는데, 말하는 게 어려워서 아무 말 안 하고, 다른 사람의 말만 듣고 올 요량으로 모임에 나가볼까 생각하시는 분이 계실까요? 말 많은 발표자 한두 명의 생각만 계속 듣고 돌아온다면 글쎄요, 학생 때 교장 선생님 훈화도 그렇게 지겨웠는데 다 커서 뭐 하러 다른 사람의 말을 학생처럼 앉아서 듣고 오냐고 말하고 싶네요. 이런 모임은 별로입니다. 자유롭게 서로 대화가 오가는 모임이 이상적이지요.

독서동아리에서는 다른 사람의 말을 듣고, 자신의 생각과 비교해 보고, 이를 조리 있게 표현하는 활동을 계속합니다. 나의 의견에 누군가가 다른 의견을 말하면, 또 다시 생각을 합니다. 반론을 하기도 하고요. 그러면서 점점 생각이 다져집니다. 깊이 사고하는 힘이 길러지는 것이지요. 나 혼자 독서할 때와 다른 점입니다. 옆에서 자꾸 치고 들어와요.

자신의 생각이 진짜 본인의 생각이 맞는지, 논리적으로 모순이 없는지, 현실 상황에 비추어 봤을 때 적절한지를 계속 돌아보게 돼요. 한 회차의 독서모임에서 말입니다.

한때 인기를 끌었던 〈알쓸신잡〉이라는 방송 프로그램을 기억하시나요? 분야를 넘나드는 잡학박사들이 여행을 다니며 여행지와 관련된 주제로 자유롭게 이야기를 나누는 프로그램이지요. 방송을 보면, 다섯 명의 출연진들이 상대방의 생각과 감정에 반응을 보이며 자신의 말을 합니다. 감정적인 교류와 지적인 교류가 계속 이루어져요. 어떤 주제에 대해 다소 이해가 부족했던 부분도 서로 대화를 통해 메우더라고요.

독서모임도 이 프로그램과 유사한 면이 있어요. 어떤 책에 대해 남들보다 이해도가 높은 구성원이 있을 수 있거든요. 그런 경우 그 사람의 설명을 듣고, 다른 사람들과 얘기를 나누다 보면 내가 부족했던 부분을 채우게 돼요. 혼자서 책을 읽을 때보다 훨씬 빠르게, 보다 깊이 있게 책 내용을 이해하게 됩니다. 사람들과의 대화를 통해 내가 깨닫게 되는 것이지요.

말하면서 배웁니다. 들으면서 배우고요. 그러면서 잘 이해할 수 있게 됩니다. 교학상장敎學相長이란 말이 있어요. 가르치고 배우면서 서로 성장한다는 뜻이지요. 교직에서는 학생들을 가르치면서 교사 자신의 배움이 더 깊어진다는 뜻으로 많이 쓰입니다.

가르친다는 것은, 결국 말을 통해서입니다. 말로 설명하다 보면 자신의 이해가 더 확실해지는 경우가 많습니다. 맞는 말이에요. 학교에서 학생들을 가르치며 제가 경험한 바로도 그래요.

독서동아리의 세 가지 특징을 다시 정리하면, 세 '잘'입니다. 잘 말하고, 잘 듣고, 잘 이해한다, 이 세 '잘'만 기억해두시면 돼요. 말하기 능력을 키우고 싶은데, 스피치학원 같은 데를 찾아가는 것은 부담스럽다고요? 그런 분들은 시간이 지나면 저절로 말하기 능력이 향상되는 독서모임에 참여해 보라고 권하고 싶습니다. 직접 만나기 어려운 상황이라면 온라인 모임도 좋아요. 책을 주제로 다양한 사람들과 대화를 나눠보세요.

꾸준한 독서동아리 활동이
불러오는 변화

앞서 말씀드렸듯이, 저는 오랜 시간 독서동아리 활동을 해오고 있습니다. 두 군데 동아리에 회원으로 있는데, 하나는 8년, 다른 하나는 12년이나 된 모임이지요. 제 경험을 빌려 동아리 활동을 꾸준히 하면 어떤 변화가 일어나는지 얘기해 볼게요.

일단 직장 동료들로 구성된 12년차 독서동아리는 끈끈해요. 서로 죽이 잘 맞지요. 근무지가 같을 땐 번개팅도 자주 했어요.
"오늘 퇴근하고 대학로에 가서 연극 한 편 보는 거 어때요?"
라고 누군가 물으면, 여섯 명 전원이 집합을 합니다. 빠지는 사람이 거의 없어요. 재미있어서 빠질 수가 없대요. 당일 번개치기

만남이 주는 짜릿함을 느끼며, 문화 체험도 하고, 감상도 나누지요. 맛있는 파전과 동동주는 덤이에요.

매년 두 번씩 독서 워크숍도 갑니다. 1박 2일로 독서 여행을 떠나는 거지요. 가방에 책을 가득 넣고, 여섯 명이 떠납니다. 거짓말 안 보태고, 여행지에 가서 몇 시간 동안 줄곧 책 얘기만 해요. 맛있는 저녁을 먹고 숙소에 들어가 깨끗이 씻은 다음 테이블에 빙 둘러 앉아 노트를 펴요. 독서모임 일지입니다. 발표자의 말을 들으며 제가 받아 적는 노트에는 우리 독서동아리의 역사가 오롯이 담겨 있어요. 이런 노트가 몇 권은 됩니다. 12년이라는 세월이 있으니까요. 겨울 워크숍의 경우, 한 해를 돌아보는 시간을 가져요. 책 발표와는 별개로 각자 지난 1년을 어떻게 보냈는지 얘기하지요.

동료들과 함께하는 독서동아리는 정기 모임입니다. 한 달에 두 번 만나요. 둘째 주, 넷째 주 금요일로 날짜가 정해져 있지요. 그래서 모임이 있는 금요일이 되면, 열일을 마다하고 모임 장소로 달려갑니다. 퇴근 후 책을 들고 콧노래를 부르며 모임에 나가지요.

아마 시간이 짧았다면, 이런 편안함과 즐거움은 없었을 거예요. 오래되었기 때문에 가능한 얘기지요. 진심으로 서로를 대할 수 있으니까요. 물론 항상 좋았던 건 아닙니다. 사람이 모인 곳인데 당연히 갈등이 생기지요. 그럴 때마다 빨리 풀려고 노력했어요. 구성원 간의 이해와 배려를 바탕으로 서로의 성장을 돕는 독서활동을 지금도 꾸준히 이어나가고 있습니다.

8년차인 또 다른 독서동아리는 아이들과 함께하는 모임이에요. 저와 제 아이들, 제 친구 둘과 친구 아이들, 이렇게 여덟 명이 모여서 동아리를 꾸렸지요. 어른 셋에 아이가 다섯입니다. 아이들은 위로 셋이 동갑이고, 나머지 둘이 동갑이에요.

이 모임은 동생들이 막 초등학교에 입학했을 때 시작됐어요. 그 위 애들은 초등학교 3학년 때였고요. 독서동아리를 결성한 이유는 아이들한테 독서모임을 만들어주자는 것, 계속 만날 친구를 만들어주자는 것, 그리고 엄마들 역시 책을 통해 의미 있는 성장을 하자는 것, 이것이었지요.

날짜가 고정되어 있어 두 명만 모여도 모임이 진행되는 다른 동아리와 달리 아이들이 참여하는 동아리는 일단 엄마들이 다 나올 수 있는 날에 맞춰 모입니다. 아이들 스케줄 때문에 날짜를 정해놓고 만나기가 힘들더라고요. 아이가 다섯이나 되니 애들 스케줄이 상전이에요. 날짜가 영 안 맞을 때는 스케줄을 포기하고 모임에 나오기도 하지만, 매번 그럴 수 없는 노릇이지요. 그래서 2주에 한 번 볼 때도 있고, 4주에 한 번 볼 때도 있어요. 만난 지 너무 오래되었다 싶으면, 다시 날짜를 잡아 만나는 식으로 운영됩니다.

아이들이 어릴 때는 독서보다는 노는 게 먼저였어요. 그래서 그때는 엄마들끼리 책을 읽고 이야기를 나누었지요. 그러다 아이들이 좀 자라서 엉덩이를 붙이고 얌전히 10분이라도 앉아 있을 수 있을 때부터 애들 독서도 같이 시작했습니다.

책을 읽고 와서 친구들 앞에서 발표를 해요. 처음엔 발표만 했고요, 나중엔 발표를 한 다음 질문을 받고 답변까지 하게 했지요. 지금은 다 같이 조용히 책 읽는 시간을 갖습니다. 전원이 20분간 책을 읽어요. 그 뒤 어른은 어른대로, 아이들은 아이들대로 따로 앉아서 독서 발표를 해요.

이 독서동아리를 통해 얻은 이점이 참 많아요. 엄마는 아이와 함께한다는 벅찬 감정을 느끼고, 아이들은 책을 통해 성장해나가지요. 친한 친구도 생겼고요. 애들이 수시로 물어요. 우리 다음 모임은 언제냐고요. 비정기 모임이기에 애들도 스케줄을 확인하는 거지요. 8년째 동아리 활동을 하고 있기에, 애들도 이 모임에 소속감이 있어요.

같이하는 제 친구는, 독서 자체보다 애들한테 인생을 함께할 친구가 생긴 게 너무 고맙고 좋대요. 시간이 흘러서 초등학생이었던 아이들이 자라 지금은 중학생, 고등학생이 되었지만, 우리는 여전히 만납니다. 그리고 앞으로도 계속 만날 거예요. 엄마들이 나이를 먹고, 애들이 어른이 되어서도요.

책을 읽고 얘기를 나누면서 서로의 성장을 돕는 데서 오는 뿌듯함, 그리고 의지할 수 있는 평생 친구가 생긴 데서 오는 행복, 이 모든 것이 꾸준한 독서모임에서 일어나는 일들이랍니다.

독서동아리 운영의
노하우

　지인들끼리 모여 독서동아리를 결성하고 싶으신 분은 동아리를 어떻게 운영하고, 어떤 식으로 모임을 진행해야 하는지 구체적인 방법을 알고 싶으실 것 같아요. 그런 분들을 위해 동아리 활동을 하면서 얻은 운영의 노하우와 팁, 주의점, 지속 비결 등을 알려드릴까 합니다.

독서모임 진행 순서

　제가 몸담고 있는 독서동아리를 예를 들자면, 한 회차 모임은 '발표-담소-발표-담소-발표-담소' 순으로 진행됩니다. 진행자가 노트와 타이머를 세팅한 다음, 오늘은 누가 먼저 발표할 것인지를 묻지요. 그날그날 다릅니다. 보통은 먼저 하겠다는 사람 순으로 발표를 하지요. 때론 오른쪽, 왼쪽 방향으로 돌면서 발표를 하기도 하고요. 그날그날 순서는 다르지만, 구성원 모두가 발표를 한다는 원칙에는 예외가 없습니다.

자기 순서가 되면요, 읽은 책을 소개합니다. 진행자는 핸드폰으로 10분 타이머를 켜고 발표 내용을 기록하지요. 10분 동안은 발표자의 말에 집중합니다. 중간에 말을 끊지 않고, 발표가 끝날 때까지 경청하는 것을 에티켓으로 하지요. 발표 시간은 10분으로 정해져 있지만, 담소를 나눌 땐 시간에 제약을 두지 않아요.

담소는 말 그대로 웃고 즐기며 이야기를 나누는 거예요. 질문을 주고받으며 대화가 이어질 때도 있고, 상반된 입장에서 열띤 토론이 펼쳐질 때도 있지요. 모든 구성원이 하고 싶은 얘기를 편하게 합니다. 자유 토론과 비슷해요. 정해져 있는 것은 없어요. 형식이 없고 싱거워 보이지만, 융통성 있고 자유로우며 부담감이 없어 좋은 방법입니다.

편하지만 일상적인 수다와는 달라요. 형태야 어쨌든 화제는 엄연히 책과 관련된 이야기거든요. 저는 이런 담소가 동아리 활동을 재미있고, 생기 있게 지속할 수 있는 비결 중의 하나라고 생각해요. 무형식의 형식이 가진 힘이라고 할까요?

담소 시간은 어떨 때는 짧게 끝나고, 어떨 때는 1시간이 넘게 이어지기도 해요. 그럴 때는 뒷사람이 발표를 못 하는 상황이 되기 때문에 진행자가 흐름을 끊어줄 필요가 있습니다. "자, 이번 책 애기는 여기까지 하고, 다음 분이 발표할까요?" 이렇게요.

발표-담소 한 세트가 끝나면 한 명의 발표가 끝난 것입니다. 그날 참석한 구성원 모두의 발표가 끝나야 모임이 제대로 진행된 것이지요. 그리고 그날 소개한 책을 모아서 사진을 찍습니다. 제가 참여하는 동아리에서는 되도록 자신의 책을 가지고 오게 하는데요, 책을 사진으로 보는 것과 실물로 보는 것은 그 느낌이 상당히 다르기 때문이에요. 책뿐만 아니라 구성원들의 모습도 사진으로 담습니다. SNS에 그 사진을 공유하는 것까지가 한 회차 모임의 마무리이지요.

정해져 있지 않은 주제, 자연스러운 일상의 공유, 다른 사람들과 생각의 교류, 이런 자율성이 관계를 더 돈독하게 해줘요. 깊이 있는 이야기를 편히 나눌 수 있게 해주고 말이지요.

독서동아리 조직과 운영의 실제

독서동아리를 처음 만들 때는 주도적으로 모임을 리드할 사람이 있는 게 좋습니다. 구성원들의 의견을 수렴해 민주적으로 동아리를 운영할 구심점 역할을 할 사람이 필요해요. 그래야 진행이 잘 됩니다.

특히 동아리가 막 만들어진 초반에는 리더의 역할과 리더에 대한 나머지 구성원들의 지지가 많이 중요한 것 같아요. 구성원 각자가 자기주장만 해서는 방향을 잡기 어렵습니다. 보통 리더는 모임을 만들자고 한 사람이 맡기 쉬워요. 아무래도 다른 사람보다는 진지한 태도로 임하기 때문에 그 사람을 중심으로 동아리가 운영되는 것이 좋습니다.

다른 조직이 그렇듯이 독서동아리도 효율적인 운영을 위해서는 어느 정도 조직 체계가 필요합니다. 거창하진 않아도 회장도 있고, 총무도 있는 게 좋아요. 제가 속한 동아리에서는 회장이 모임의 진행을 맡습니다. 중요 안건에 대해 의견을 모으고, 결정을 내리는 것까지 회장이 하지요. 총무는 모임 또는 워크숍 장소를 정할 때 주도적인 역할을 하고, 회비를 관리합니다. 한 명이 회장과 총무를 다 하는 건 부담스럽기 때문에 각각 다른 사람이 역할을 나누어 맡고 있지요.

회장과 총무의 임기도 중요해요. 동료 교사들로 구성된 동아리는 결성 직후 제가 회장직을 맡았어요. 5년간 쭉 그 역할을 담당했지요. 그런데 어느 순간 힘에 부치고 정신적으로 피곤해서 회장직을 내려놓고 싶었어요. 그래서 구성원들에게 솔직하게 말씀드리고, 회장과 총무를 런닝메이트 식으로 묶어서 돌아가며 운영하기로 결정했지요.

민주주의 사회에서는 한 명이 평생 집권하는 일이 없잖아요. 독서동아리도 마찬가지입니다. 한 명이 계속 회장을 하다 보면 동아리는 편히 굴러갈지 모르지만, 한 사람에게 엄청난 부담을 주는 일이 될 수 있어요. 또 그 사람이 없으면 모임이 운영되지 않는다는 분위기가 형성될 수도 있지요. 모두의 모임이 되려면 그런 분위기는 곤란합니다. 구성원 모두가 함께하는 모임이지 한 사람을 위한 모임이 아니니까요.

게다가 같은 사람이 계속 회장직을 맡다 보면요, 의사결정 과정에서 의견이 한쪽으로 쏠릴 수 있어요. 특정 인물이 의사결정권을 더 가지거나, 한 사람이 다수를 가르치는 형태의 모임은 바람직하지 않다고 생각합니다. 누군가 구성원들을 리드할 수는 있지만, 관계의 구조는 평등해야 해요. 서로가 서로를 성장시키는 평등한 모임이 이상적인 형태의 독서모임이지요.

상징적 의미가 있는 회장은 돌아가며 하는 게 좋아요. 결성 초반에는 구심점이 될 만한 사람이 회장직을 맡는 게 좋겠지만 안정적 운영이 가능한 이후에는 구성원들끼리 돌아가며 회장 역할을 해 보는 것이 좋습니다. 참여하고 있는 동아리에 책임감도 생기고, 한 번씩은 회장님, 총무님이 되어보는 거니까 재미도 있지요.

회비도 정해두는 게 편해요. 2주마다 정기적으로 모이는 동아리의 경우 월 4만 원씩 회비를 걷습니다. 비싸다는 생각이 들수도 있는데요, 회비를 모아 1년에 두 번 독서 워크숍을 가기 때문에 통장에 돈이 쌓이진 않아요.

비정기적으로 모이는 동아리는 필요할 때마다 회비를 걷어서 사용합니다. 아이와 함께하는 모임이다 보니, 가구당 구성원 수가 달라서 공정한 회비 수금 방법에 대해 고심했지요. 최종적으로 결정된 방법이 머릿수대로 계산하는 겁니다. 1인당 2만 원씩 각출하는 날엔 아이랑 엄마를 합해 두 명인 집은 4만 원, 세 명인 집은 6만 원을 내는 식으로 말이지요.

요즘은 모임통장이란 게 있어요. 구성원들끼리 계좌를 공유할 수 있으니, 회비 관리가 투명해서 좋더라고요. 회비를 깜박 잊었을 때도 바로 확인이 가능하고요. 모임통장을 이용하는 것도 적극 추천합니다.

독서동아리 운영 방식도 구성원의 합의를 통해 규칙으로 정해놓는 것이 좋습니다. 앞서 말했듯이 저희 모임에서는 한 사람당 발표 시간을 10분으로 정해놓고 있는데요, 예전에는 정해진 시간이랄 게 없었어요. 그러다 보니 한 사람이 20분, 30분 넘게 발표하는 경우가 생겼고, 순서가 뒤인 사람은 발표를 아예 못 하는 상황이 벌어졌지요. 또 한 사람이 너무 길게 얘기해서 듣기가 지겨운데도 발표를 끊을 수가 없어 곤혹스럽기도 했고요.

그래서 발표 시간 10분을 규칙으로 정했어요. 타이머까지 켜고 발표를 하기 때문에 발표자는 시간 조건에 맞게 말하는 능력이 늘고요, 듣는 사람도 집중력을 흐트러뜨리지 않고 들을 수 있어서 좋더라고요. 운영 면에서도 시간상 발표를 못 하게 되는 사람이 없이 모두 다 참여할 수 있게 되어서 만족스러웠고요. 10분이란 규칙을 정해놓았지만, 경우에 따라서는 양해를 구하고 마저 발표를 할 때도 있어요. 하지만 혼자서 마냥 자유롭게 발표하던 예전과는 다르지요.

10분으로 발표 시간에 제한을 둔 건 저희 동아리의 운영 노하우입니다. 동아리마다 운영 방식이 다를 수 있으니, 각자 모임에 맞게 규칙을 정하면 되지 않을까 싶네요. 요지는 합리적인 동아리 운영 방식에 대한 구성원들의 합의가 있어야 한다는 점, 그것이지요.

모임 분위기 조성

독서동아리인 만큼 다른 건 몰라도 책은 꼭 읽고 와야 한다는 강제성을 부여하는 것이 좋습니다. 강제성이라는 말을 썼지만, 특별한 제재는 없어요. 여기서 강제성은 꼭 읽어 와야 할 것 같은 분위기, 혹은 그래야 한다는 걸 모든 구성원이 느끼도록 하는 말 같은 걸 의미합니다. 한마디로 구성원들이 책을 읽고 오는 것을 꼭 지켜야 할 약속으로 받아들이는 분위기가 중요한 거지요.

가끔은 책을 못 읽고 올 수도 있어요. 하지만 한두 명이 계속 그런 식이면 나머지 구성원들도 흥이 안 나요. 독서동아리의 특성상 책을 읽는 것은 모임의 존속 여부와 관련된 중요한 일입니다. 책을 안 읽고 오는 것을 너무 쉽게 생각해서는 안 돼요. 각자가 자기 몫을 해줘야지만 동아리 분위기가 좋게 유지됩니다.

서로 격려하고 칭찬하는 분위기도 중요해요. 어떤 사람이 발전하는 모습이 보일 때, 다른 구성원들이 알아봐주고 인정해주는 거지요. 본인은 자신이 얼마만큼 성장했는지 잘 모를 수 있어요. 오히려 주변 사람들이 그 사람의 말하는 모습이나 책 읽는 것을 보고, 독서의 깊이와 변화를 짐작할 수 있지요. 다른 사람의 성장이 눈에 보이면, 적극적으로 칭찬해주세요. 그것이 서로 윈-윈 하는 분위기를 만들어준다고 생각해요.

독서동아리 활동을 하며 느낀 건, 사람은 다른 사람의 영향을 많이 받는다는 사실이에요. 동아리 구성원 한 명의 변화와 발전은 다른 구성원들에게 큰 영향을 줍니다. 성장한 모습을 보고, 또 다른 구성원이 달라져 있어요. 보이지 않지만 긍정적인 바람이 불어 도미노 효과가 일어나는 거지요.

마지막으로 말하고 싶은 건 구성원 각자에 대한 배려예요. 사람이 살아온 모습이 다 다른데 상대방의 생각을 인정하지 못하고, 비난이나 시샘만 한다면 모임이 유지되기 힘들어요. 어느 모임이나 말을 막하는 사람이 있으면 필연적으로 갈등이 생기지요. 상대방을 배려해 자신의 말과 행동을 조심하는 태도가 필요합니다.

6장
◇◇◇

독서를 삶에 적용해
성장하는 엄마

엄마 성장 독서의
솔직하고 현실적인 목표

'내면아이'라는 말을 들어본 적 있으신가요?

저는 교육학을 전공했습니다. 중고등학교에서 아이들을 가르친 지 오래됐고요. 하지만 이 용어는 대학 때도 안 배웠고, 교직 생활 중반까지도 몰랐습니다. 이 말을 처음 알게 된 건 14년 전 즈음이지요.

그 당시 고등학교에서 근무하고 있었을 때라 아침 일찍 출근하고 밤늦게 퇴근하는 게 일상이었어요. 아이들이 아직 어려서 돌봐줄 사람이 필요한데, 상황이 여의치 않아 시부모님의 손을 빌렸습니다. 주중에는 아이들을 시댁에 맡기고, 주말에만 집에 데려와 같이 시간을 보냈지요. 그런 생활을 7년을 했어요.

그러던 어느 날 딸아이의 머리를 빗겨 주는데 하얀 구멍이 보이는 거예요. 깜짝 놀랐습니다. 애가 원형 탈모라니! 이게 무슨 일인가 싶어 딸아이를 데리고 심리상담소를 찾았습니다. 그곳에서 알게 된 건 엄마, 아빠와 떨어져 지내는 딸아이의 심리였어요. 말로 표현하지 않았지만 아이는 몸으로 자신의 아픔을 표현하고 있었던 거지요.

그때부터 심리학과 미술치료에 관심을 가지게 됐습니다. 제 아이 문제가 걸려 있다 보니 한동안 그 분야만 팠어요. 미술치료를 배우면서 사춘기 아이들에게 정말 좋은 상담기법이 될 수 있겠구나 하는 생각도 많이 했어요. 말하기 싫어 하는 아이들에게 꼬치꼬치 캐묻지 않아도 그들의 심리 상태를 알 수 있으니까요. 그러면서 접하게 된 용어가 바로 '내면아이'예요.

미술치료를 배울 때, 실습을 꼭 합니다. 본인을 대상으로 하지요. 미술 작업을 통해서 '나'를 표현합니다. 그러던 어느 날 실습 중에 저는 제 내면아이를 봤습니다. 책으로만 접했던 내면아이의 실체를 느끼게 된 거지요. 제가 그린 그림을 통해서요.

평소에 그림을 좋아하지도 않고 손재주도 없지만, 그런 것과 상관없이 나를 표현한 그림은 제 안의 어린아이와 만날 수 있게 해주었어요. 그 아이와 만나는 순간, 울컥 눈물이 났습니다. 아무도 알아주지 않아 상처받고 기죽어 있는 제 안의 어린아이를 보았기 때문이지요.

그 아이를 눈으로 확인한 이후, 저는 제 자신을 알아가기 시작했습니다. 어린 시절의 '나'이든 현재의 '나'이든 내가 나를 안다는 것은 정말 중요한 일이에요. 미술치료에서는 그 통찰의 순간, 치유가 일어난다고 봐요. 저는 그런 수많은 통찰을 미술치료 실습을 하며 여러 번 체험했어요. 그 시작을 오롯이 느낀 순간이 바로 내면아이를 처음 만난 날이었지요.

내면아이의 실체를 느낀 건 미술치료를 통해서지만, 개념 자체를 알게 된 건 책을 통해서예요. 그 뒤 저의 꾸준한 자기 탐색과 자기 이해를 도운 것도 바로 책이었고요. 책이 없었다면 내가 나를 이해하기 쉬웠을까, 책의 도움이 아니었다면 내가 나를 돌아볼 수 있었을까 묻는다면, 아니요. 그러지 못했을 겁니다.

저에게 책과 미술치료는 곧 치유였습니다. 두 가지 활동을 통해 나도 몰랐던 나를 발견할 수 있었고, 앞으로 나아갈 수 있게 되었지요. 나 자신을 직시할 수 있게 된 겁니다.

"나는 반드시 성장하겠어. 기필코 성장하고 말겠어!" 하는 마음을 먹고, 부단히 노력해서 이룬 성장은 아니었어요. 어떻게 하다 보니 그렇게 되었지요. 그때 제 성장의 거름이 되어준 게 바로 미술치료와 책입니다.

책은 나 자신을 돌아보게 해주는 좋은 친구예요. 거기에 잔소리도 없고, 자기 말을 꼭 들으라고 강요하지도 않지요. 책에서 아무리 강조해도, 그 말을 따를지 말지는 내가 선택하는 거니까요. 책에는 치유력이 있어요. 성장도 돕고요. 치유가 성장으로 연결되는 거지요. 부드러운 치유사가 바로 책입니다.

여러분은 책을 통해 어떤 것을 얻고 싶으세요? 그것을 먼저 생각해 보면 좋겠네요. 우리가 어떤 행동을 할 때, 최소한 내가 왜 그 행동을 해야 하는지 스스로 납득이 간 상태라야 행동으로 옮기기가 쉽잖아요.

그럼 다시 한번 묻겠습니다. 여러분은 왜 책을 읽고 싶으신가요? 아이 때문에, 무료한 시간을 때우기 위해서, 세상 돌아가는 이치를 알고 싶어서, 논리적 사고를 하고 싶어서, 내면의 상처를 치유하고 싶어서, 새로운 일을 위해서 등등. 우리가 독서를 하는 이유는 셀 수 없이 많아요.

그중에서 가장 필요한 이유를 꼽아보는 거지요. 하나, 둘, 세 가지 정도만요. 그러면 알게 됩니다. 내가 왜 책을 읽어야 하는지를요. 보통 제일 먼저 나오는 답, 두 번째 나오는 답이 여러분이 책을 읽는 주된 목적입니다.

최근에 어떤 분과 독서하는 목적에 대해 얘기를 나눈 적이 있습니다. 그분 말씀이 세 가지 이유에서 책을 읽는대요. 첫째, 애들 보라고 읽는답니다. 자기가 읽으면 애들도 보고 따라 읽을까 싶어서요. 책 좀 보라는 잔소리 대신에 직접 행동으로 보여주고 싶었대요. 둘째, 직장에서 도태되고 싶지 않아서 읽는대요. 업무상 지시사항을 빨리 파악할 수 있는 지적 수준을 유지하고 싶기 때문이랍니다. 셋째, 유연한 사고를 갖고 싶어서 책을 읽는대요. 꽁하지 않은 사람, 편협하지 않은 사람이 되고 싶어서요.

이 엄마의 경우 독서의 목적이 아주 뚜렷합니다. 목적이 뚜렷하면 그만큼 간절한 마음이 올라오고, 나태해질 때 스스로를 조여주는 기능을 하지요. 그러니 '나는 왜 책을 읽는가?'라는 진지한 물음을 자신에게 던질 필요가 있어요.

독서 목적에 대해 생각해 봤다면, 그 목적을 성취하기 위한 세부 목표를 정하는 것이 좋습니다. '그냥 읽자'만으로는 흐지부지되기 쉬워요. 안 읽는 게 제일 편하니까요. 목표를 정하고 그 목표를 실현하기 위한 시스템을 구축하는 것, 그것이 독서습관 형성의 첫걸음입니다.

독서 목표는 구체적인 방법과 연결 지어 생각해야 합니다. 특히 엄마 성장 독서의 목표는 솔직하고 현실적일수록 좋아요. 예를 들어 애들 보라고 책을 읽는다면, 일단 애들이 있는 데서 책을 읽어야겠지요. 이를테면 '애들 앞에서 매일 책 읽기'를 목표로 정하는 거지요. 교육적 효과를 위해서 '최소 20분 집중 독서하기'도 좋습니다. '한 달에 한 권 끝내기' 같은 목표도 좋아요.

여러분도 각자의 독서 목적에 맞는 현실적이고 구체적인 목표를 정해 보는 게 어떨까요? 여기서 한 가지 팁을 드리자면, 목표를 눈에 보이는 곳에 적어놓고 자주 보라는 겁니다. 집 여기저기에 붙여놓고, 핸드폰 화면에도 띄워놓는 거지요. 그리고 실천하세요. 나중으로 미루지 말고, 지금 바로 시작하는 거예요.

1책 1배움 1적용
시작하기

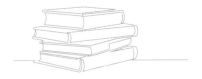

박웅현 작가의 《다시, 책은 도끼다》에 이런 말이 나옵니다. 철저히 자기만의 오독을 하라고요. 오독의 사전적 의미는 '잘못 읽거나 틀리게 읽는다'입니다. 하지만 작가가 말하는 오독의 의미는 다릅니다. 그가 오독을 권하는 것은 자신만의 독서를 하라는 뜻입니다. 책 내용을 잘못 해석해도 좋으니까 꼭 자신만의 독서를 하라는 것이지요.

이 말에 전적으로 동의합니다. 책을 읽었으면 자신만의 해석이 있어야지요. 제목인 '책은 도끼다'는 프란츠 카프카 Franz Kafka 가 한 말에서 따온 건데요, '책을 읽고 도끼를 찍은 것 같은 강렬함이 없다면 그 책을 읽을 필요가 없다'는 말이지요. 그런

강렬한 충격이 없다면 책을 잘못 읽은 거라는 말도 됩니다.

책을 읽고, 자신이 얼마나 오만한지 아는 사람은 지혜로운 사람입니다. 책을 읽고 자신이 얼마나 부족한지를 깨닫는 사람은 훌륭해요. 책을 통해 스스로를 위로하고 칭찬해주는 사람은 멋집니다. 책을 읽고 자신의 삶을 변화시키는 사람은 두말 할 것 없이 최고고요.

책에는 한 사람의 인생이 담겨 있습니다. 그 책을 쓴 사람이 수년간, 혹은 인생 전체에 걸쳐 경험한 것과 깨달은 바가 고스란히 적혀 있지요. 보통 2만 원 정도만 투자하면, 저자가 살아온 삶을 구경할 수 있습니다. 그 사람이 겪은 아픔, 살면서 깨달은 지혜를 편하게 앉아서 들을 수 있는 거죠.

만약 한 사람의 귀한 경험을 듣고도 '응, 재미있게 잘 봤다.'로 끝이라면, 그냥 살던 대로 살면서 삶에 조금의 변화도 없다면, 그 사람은 돈 낭비, 시간 낭비를 한 것입니다.

이왕이면 현명하면 좋겠어요. 책값을 투자한다. 한 사람의 인생을 들여다본다. 저자의 경험에서 작은 배움을 하나 얻는다. 그 배움을 내 삶에 적용한다. 책 한 권에 하나의 배움과 하나의 적용을 실천하여 내 인생 전체에 영향을 준다. 이것이 제가 지향하는 독서입니다.

책이 인생에 영향력을 발휘하려면, 읽기만 하는 독서로는 안 됩니다. 읽는 건 머리로만 하는 독서예요. 진정한 독서는 행동으로 연결되어야 하지요. 내가 책을 제대로 잘 읽었다면, 주변 사람들이 날 보고 책을 읽고 싶어져야 합니다. 그러려면 내 말과 행동, 생활 전반에서 긍정적인 변화가 일어나야 해요. 나의 변화를 주변 사람들이 알아보고, 그 좋은 걸 따라 하고 싶어지게요.

이런 긍정적인 변화가 자신의 삶에 일어나길 원하시는 분이라면 1책, 1배움, 1적용을 권하겠습니다. 1책, 1배움, 1적용이 뭐냐고요? 책 한 권을 읽고, 작은 배움 하나를 찾아보는 거지요. 뭐라도 좋으니 배울 점을 하나라도 찾아보는 거예요. 그리고 그것을 자신의 인생에 적용하는 겁니다. 아주 우스운 거라도 좋고, 엉뚱한 거라도 좋아요. 뭐든 하나를 찾아 적용해 보는 거예요.

한 권을 읽고, 하나의 배움을 찾아 삶에 적용합니다. 두 권을 읽으면, 삶에 적용할 배움이 두 개가 되지요. 읽은 책이 늘어날수록 삶에 적용할 배움도 늘어갑니다. 그만큼 삶의 변화가 일어나는 거고요.

물론 책에서 찾은 배움이 모두 삶의 변화로 이어지는 것은 아닙니다. 하지만 세 개의 배움을 삶에 적용했다면, 두 개는 실패한다 쳐도, 하나쯤은 긍정적인 변화를 이끌어내지 않겠어요? 이게 바로 1책, 1배움, 1적용입니다. 이렇게 하는 것이 바로 카프카가 말한 '책은 도끼다'의 실천이고요.

책을 읽었는데 배울 점을 하나도 찾지 못했다고요? 때론 재미도 없고, 유익하지도 않은 책을 접할 때가 있어요. 정말 자기한테 의미가 전혀 없는 책이라면 어쩔 수 없지요. 하지만 대부분의 책에서 의미를 찾지 못하고, 부정적인 견해만 갖고 있다면 자기 자신을 돌아봐야 합니다. 혹시 아집이란 성에 갇혀 있는 건 아닌지, 색안경을 끼고 세상을 바라보고 있는 건 아닌지 자신한테 물어봐야 해요. 책에 따라 마음에 안 드는 구석이 있을 수 있지만, 모든 책이 다 그렇다면 자신의 비판적 성향과 비수용적 태도를 돌아볼 필요가 있어요. 방어적 태도를 버리고, 수용적인 자세를 취할 때 책에서 삶의 지혜를 얻을 수 있습니다.

간혹 수용할 거리보다 비판할 거리가 더 많은 책도 있어요. 그럴 때는 오독이 되어도 좋으니, 비판적으로 읽어야 합니다. 그러다 배울 점이 하나라도 있으면, 그걸 자기 식으로 수용해 삶에 적용하면 됩니다. 자신의 변화와 발전을 위해서요.

오독을 할 줄 모르는 사람은 앵무새처럼 책 얘기를 말로만 따라 하는 사람입니다. 말로만 따라 하고, 지식으로만 말할 뿐이지요. 책은 책이고요, 그 내용을 내 것으로 만들기 위해서는 자신만의 독서가 필요합니다.

최근에 《힘 빼기의 기술》이라는 책을 읽었습니다. 제목이 마음에 들어 골랐지요. 읽으면서 저자가 말하는 핵심 주제에 깊이 공감했습니다. 그래서 그것을 제 삶에 적용하고 싶었습니다.

작가 생활을 시작한 요즘, 많이 쓰기도 하고 읽기도 하는데요, 제가 활동하고 있는 글쓰기 공간에서 다른 작가들의 글을 자주 접하고 있습니다. 많은 작가들이 좋은 글을 써야 한다는 생각에 스스로를 검열하고 단련하며 치열하게 노력하고 있더라고요. 그들의 모습을 보며 '작가란 모름지기 이래야 하나 보다.'라는 생각에 부담감이 들더군요.

그런 상황에서 《힘 빼기의 기술》을 읽고, 이 책이 주는 메시지에서 배움을 얻었습니다. '좋은 글을 써야 한다는 생각 자체가 힘을 빡 준 거야. 그냥 편히 써. 내가 쓰고 싶은 글을 쓰면 돼.'라고요. 그래서 지금은 좋은 글을 쓰려는 마음을 내려놓고, 편하게, 할 수 있는 범위 내에서 내 얘기를 솔직하게 쓰려고 합니다. 이것이 제가 책에서 얻는 배움을 적용한 결과이지요. 생각의 변화, 마음가짐의 변화도 '적용'이랍니다.

우리의 삶에서 책이 멋진 도구가 되려면, 1책, 1배움, 1적용이 필수입니다. 책에서 배움을 찾고, 그 배움을 삶에 적용해 멋진 변화가 일어나는 엄마의 모습, 상상만으로도 멋지지 않나요?

"우리가 읽는 책이 우리 머리를 주먹으로 한 대 쳐서 우리를 잠에서 깨우지 않는다면, 도대체 왜 우리가 그 책을 읽는 거지? 책이란 무릇, 우리 안에 있는 꽁꽁 얼어버린 바다를 깨뜨려버리는 도끼가 아니면 안 되는 거야."

- 카프카 〈변신〉, 박웅현의 《책은 도끼다》중에서

성장 독서가
취미로 끝나지 않으려면

책을 취미로 읽는 것 말고, 독서를 통해 뭔가 성취하고 싶다면, 책 읽는 방법이 좀 더 강력해야 합니다. 저는 줄곧 즐기는 독서를 말해왔습니다. 맞아요, 재미있는 독서가 최고지요. 그런데 사람에 따라, 상황에 따라 읽는 목적이 다를 수 있어요.

즐기는 독서를 좋아하는 저이지만, 한때 목적의식을 갖고 전투적으로 책을 있었을 때가 있었습니다. 어떤 작가의 책을 읽고 큰 감화를 받은 뒤였어요. 저는 1책, 1배움, 1적용을 즐겨하는 사람이라서요, 그 책에서 배운 배움을 바로 적용했지요.

그래서 책을 하루에 1권씩 읽었어요. 새벽 3시에 일어나서 독서를 했습니다. '인생은 과감한 모험이거나, 아니면 아무것도 아니다.'라는 헬런 켈러의 말을 붙여놓고 말이지요.

그때는 제 인생에 큰 소용돌이가 치고 있었을 때였던 것 같습니다. 제2의 사춘기였던 것 같아요. 가만히 있지를 못하겠더라고요. 성장 욕구가 하늘을 치솟아 올라왔던 시기 같습니다.

지금은 그렇게까지 치열하게 책을 읽지 않아요. 별로 그러고 싶지도 않고요. 다 때가 있지 않나 싶어요. 하지만 그 시기의 경험은 제 평생에 소중한 자산이 됐습니다. 그 도전과 경험, 그때 얻은 배움과 성과들이 저를 많이 성장시켰어요.

그때의 저는 '성장 욕구'가 엄청 낮았어요. 정신이 깨어있는 사람이고 싶었어요. 그냥저냥 취미로만 독서를 해서는 안 된다는 생각에 정말 치열하게 책을 읽었습니다. 하루에 한 권을 다 읽을 때까지, 자리에서 엉덩이를 떼지 않고 내리 읽기도 했지요.

그땐 그런 제가 당연하게 여겨졌답니다. 그러고 싶었기 때문에 그렇게 독하게 책을 읽는 게 아무렇지 않았어요. 누가 시켜서 한 게 아니고, 제가 그렇게 하고 싶어서 한 거라서 할 만했던 것 같아요.

왜 그렇게까지 지독하게 책을 읽었냐고요? 제대로 안 하면 성장을 이룰 수 없다고 생각했기 때문이에요. 제가 읽은 책에서 한 분야의 전문가가 되려면 그 분야의 책을 100권 이상 정독해서 깊이 있게 이해하면 된다고 하더군요. 그러려면 집중 독서가 필요하고, 자기 성장이 이루어지는 지점은 그 기본 점수를 채워야 가능하다고 말하고 있었지요.

그 말이 사실이냐 아니냐를 떠나서 따라 해서 나쁠 것이 없는 말이라면 저는 따라 해 보고 싶었습니다. 이왕 할 거 제대로 따라 했지요. 때론 단순해야 해요. 생각이 많으면 뭘 못하지요. 그냥 행동으로 옮길 필요가 있어요. 결과적으로 저는 제 성장의 자극제가 되어준 그 책과 작가에게 감사함을 느낀답니다.

'임계점'이라는 말이 있어요. 물질의 구조와 성질이 다른 상태로 바뀔 때의 온도와 압력을 말하지요. 이건 좀 어려운 풀이이고요, 쉽게 말해서 변화를 위한 최고 한계점이라고 보면 돼요. 그 지점까지 가야 그 뒤에 변화가 온다는 거지요.

독서에서는 그 임계점이 '독서의 양'이고 '독서의 꾸준함'이고 '독서의 집중도'이지요. 제 경험상 맞는 말이에요. 1일 1책 읽기를 실천한 전과 후의 모습이 확실히 다르거든요. 성장이 비약적으로 일어났지요.

정신력이나 지력은 물론이고, 생활 반경이 달라졌어요. 추진력도 늘었습니다. 마음먹은 것을 실천으로 옮기는 속도가 빨라졌지요. 이런 변화는 머리로는 안 돼요. 취미로 읽는 독서로는 쉽게 변하지 않습니다. 시간이 오래 걸리지요. 자신의 목표가 느 긋하게, 편하게 독서를 즐기며 성장하는 것이라면 취미로 읽는 것도 좋지요. 정신적으로 피로하지 않고 편하니까요. 제가 지금 그렇게 읽고 있습니다.

하지만 성장 욕구가 치솟고, 지금 당장 자신의 삶을 바꾸고 싶은 분이라면, '집중 독서'를 하세요. 쉬운 말로 미친 듯이 책을 읽으라는 겁니다. 그것도 정독으로요. 힘들더라도 일단 많이, 매 일, 계속 읽는 거지요. 하루에 한 권, 3일에 한 권 이런 식으로 목 표를 정해 놓고요. 이때 중요한 건 결과를 조급하게 바라지 않는 겁니다. 단지 열심히, 집중해서 읽는 자세가 중요해요.

무슨 일을 하든, 하는 사람의 마음가짐이 가장 중요하다고 봅 니다. 어떤 목적에서 그 일을 하는지, 얼마만큼 간절함을 가지고 그 일을 하는지가 행동의 성격을 크게 좌우하지요. 독서를 취미 로 하실 분은 그렇게 하시면 됩니다. 그러나 독서로 하루라도 빨 리 제2의 인생을 살겠다는 분은 치열하게 책을 읽어야 합니다.

요즘 유튜브나 블로그를 보면, 책을 통해 인생에 큰 변화를 겪은 분들의 체험담이 많이 올라와 있습니다. 여기에 일일이 열 거하지 않아도, 검색 한두 번으로 쉽게 찾을 수 있어요. 꾸준한 집중 독서로 직업이 바뀌고, 인생의 방향이 바뀐 분들이지요.

독서를 오래, 많이 하면 정신 혁명이 일어나요. 지력과 정신력이 강해지고 행동 패턴이 달라집니다. 제 주변 사람들 중에 한 분이 최근에 이런 말을 하시더군요. 자기는 원래 승진에 관심이 없었는데, 책 좀 읽고 나서는 '승진, 까짓것! 한 번 해볼까?' 하는 마음이 들더랍니다. 책을 꾸준히 읽다 보니 할 만하겠다는 생각이 들었대요. 그래서 이제 승진을 남의 일로 생각하지 않고, 기회가 오면 잡을 거래요.

그분 내면의 변화를 불러온 것이 바로 독서지요. 독서를 꾸준히 하면 마음가짐이 달라지고 세상일에 대응하는 행동 패턴이 바뀝니다.

엄마 성장 독서가 취미로 끝나게 하고 싶지 않다면, 삶의 직접적인 변화를 최대한 빨리 이루고 싶다면 단단히 마음먹고 한번 도전해 보는 거예요. 도전해서 손해 볼 것은 없어요. 원하는 목표를 성취하지 못했어도 치열하게 노력한 그 경험은 내 안에 쌓이잖아요. 책에서 얻은 수많은 경험과 지식은 또 어떻고요. 여기에 삶의 긍정적 변화까지 일어난다면 정말 좋지 않겠어요?

불가능한 얘기가 아닙니다. 다 여러분 마음에 달려 있어요. 인생의 변화를 꿈꾸는 분이라면, 자신만의 실천 목표를 정하고 지금 당장 도전해 보는 건 어떨까요?

독서의 힘으로
인생 2막 열기

독서의 힘으로 두 번째 직업을 만들어낼 수 있을까요? 사람에 따라 다를 것 같아요. 독서를 통해 자신의 삶을 많이 변화시킨 사람에게는 그런 기회가 찾아올 수 있겠지요. 직접 기회를 찾아 나설 수도 있고요.

독서를 해도 책 내용 따로, 삶 따로인 분이라면, 글쎄요. 책을 안 읽은 것과 비교해서 변화가 없다고는 할 수 없겠지만, 그래도 독서 덕에 직업을 바꾸고 새로운 인생을 살게 되는 그런 드라마틱한 변화는 힘들 것 같습니다.

저는 불교도는 아니지만 법륜 스님의 말씀은 좋아하는데요, 어느 글에서 이런 구절을 본 적 있습니다. 좋은 말씀을 듣고 '음,

좋은 말씀 하셨네.'로 끝나면 안 된대요. 그 말씀을 자기화하는 것이 가장 중요한 거라고 하시더라고요. 깊이 공감되는 말이라 그 구절에 밑줄을 쫙쫙 그은 기억이 납니다.

지금부터 제가 말씀드리려는 것은 책을 통해 자신의 길을 새롭게 찾은 사람들의 이야기입니다. 어떤 분은 책이 직접적인 계기가 된 것일 수도 있고, 또 다른 분은 책과 생활이 복합적으로 융화되어 삶의 변화가 일어났을 수도 있습니다.

인터넷 검색을 하다 알게 된 유튜브 채널이 있는데요. '우기부기TV'라는 채널이에요. 진행자는 2016년부터 집중 독서를 합니다. 그로 인한 변화가 생활 모든 영역에서 일어나지요. 생각하는 힘, 기록하는 힘이 생기고 그로 인해 총체적 성장이 일어난 겁니다. 직장을 그만둔, 평범한 백수였던 한 사람이 책을 만나면서 어디까지, 얼마만큼 변화할 수 있는지 확인할 수 있어요. 이분은 현재 5년간 집중 독서의 힘으로 독서와 자기계발 유튜버로 활동 중이고, 책도 쓰고 강연도 하고 있거든요.

그런데 이분은 이런 외적인 변화 말고, 내적인 변화를 강조합니다. 바로 '책 속의 지식과 일상의 경험을 연결시키기 시작했다는 것'이 가장 큰 변화라고 말해요. 이분의 변화는 지금도 진행 중이에요. 그러면서 자신의 변화 이유를 100퍼센트, '독서' 덕분이라고 말하고 있지요.

제 주변에 그림을 그리고 싶어 하신 분이 계셨어요. 평생 바랐던 일이지만, 그걸 못 하고 사셨어요. 그러다 어느 날부터 화실을 다니기 시작했답니다. 지금은 자신의 작품을 작업하고 있어요. 돈을 받고 그림을 팔고 있지는 않지만, 자신만의 작품을 만들고 있으니 화가가 된 것이 맞지요.

이분이 평생의 꿈이었던 그림을 시작할 수 있었던 것도 바로 독서 때문인데요. 긴 세월 독서를 통해 이분 내면에 소용돌이가 일어난 거지요. 결국 더 늦기 전에 자신이 꿈꾸던 길을 찾아간 겁니다. 꼭 직업을 바꿔야 인생의 2막이 열린 건 아니에요. 평생 원했던 것을 시작했고, 지금도 그 일을 하고 있는 것, 그게 중요하지요.

저 역시 평범한 교사였습니다. 책을 무척 좋아하지만, 작가가 될 거란 생각은 해 본 적이 없어요. 어디에다 글을 실은 것도 아니고, 그냥 평소에 끄적끄적 일기 쓰는 것, 메모하는 걸 즐겨 했을 뿐이지요.

그러다 어떤 일을 계기로 독서교육을 열심히 하게 됐고, 책을 집중적으로 많이 읽게 됐어요. 독서동아리 활동도 하고요. 그러다 보니 자연스럽게 책과 관련된 일들이 자꾸 연결되더라고요. 책 관련 방송 프로그램에도 출연했고, 일간지에 인터뷰 기사가 전면으로 실리기도 했어요. 신기했지요. 제가 의도한 일은 아니었어요. 그냥 전 제 할 일을 하고 있었을 뿐이에요. 책 읽기요.

삶이라는 게 자연스러운 연결고리에 의해 이어지는 것 같습니다. 십수 년 동안 책을 읽고, 기록해왔기 때문에 자료가 꽤 많이 쌓여 있었어요. 하루는 친구가 그것을 보고는 너무 아깝다며 책으로 내라고 하더군요. 그때 처음으로 작가라는 것에 대해 생각해 보게 됐습니다.

그리고 우연한 기회에 글을 써서 출판사에 투고를 했고, 지금 이렇게 여러분과 책으로 만나고 있는 것이지요. 결과적으로 저를 작가로 이끌어준 것도 책입니다. 저도 몰랐습니다. 제 인생이 이렇게 전개될 줄은요.

독서는 좋은 직업을 가져온다. 이렇게 말씀드릴 수는 없어요. 하지만 독서는 여러분을 좋은 길로, 새로운 길로 이끌어줄 수 있습니다. 그 길이 꿈을 실현하는 길이 될 수도 있고, 새로운 직업을 찾는 길이 될 수도 있지요. 전혀 예측할 수 없었던 분야일 수도 있고요.

독서는 여러분을 인생의 제2막으로 인도할 겁니다. 보이지는 않지만, 부드럽게 이끌어줄 거예요.

100세 시대 엄마의 성장
지속하기

100세 시대입니다. 100세까지 산다고 가정했을 때 여러분에게 남은 시간은 얼마일까요? 아이들이 성장하고, 엄마만의 오롯한 자유의 시간이 주어지는 것은 55세 전후 같습니다. 손이 별로 안 가는 고등학생 시기를 뺀다면, 50세 전후가 되겠네요. 이렇게 단순 계산했을 때, 엄마의 시간은 50년 정도입니다. 생각보다 길지요? 이 50년을 어떻게 보내야 할지 생각해 보신 적 있나요?

저희 엄마는 자식들 뒷바라지를 다하고 60대부터 텔레비전과 친구가 되어 사십니다. 교육을 많이 받으신 분은 어떠실지 몰라도, 저희 엄마는 그래요. 올해 연세가 81세이신데요, 일제강점

기와 한국전쟁도 겪으셨지요. 엄마는 책을 안 좋아하세요. 글자만 보면 머리가 아프시대요. 나이 드신 지금 엄마가 편히 하실 수 있는 것은 본인 살림하는 것, 딸네 집에 오는 것, 텔레비전을 보는 것, 그게 전부예요.

그런 엄마를 보면 참 심심해 보입니다. 엄마는 뭔가 생산적이고 의미 있는 일이 하고 싶다며 저희 집에 매일 오세요. 딸이 직장을 다니느라 살림에 신경을 쓰지 못하니, 조금이라도 도와주시려 애쓰시죠. 코로나로 학교에 못 가고, 온라인 수업을 듣느라 집에만 있는 아이들에게 엄마는 점심과 저녁밥을 꼬박꼬박 차려 주십니다.

그런데 끼니를 챙겨주고, 세탁기를 돌리고 나면 딱히 할 일이 없어요. 아이들도 각자 제 할 것 하느라 할머니하고 놀아주지도 않고, 딸내미는 퇴근이 늦어 얼굴을 볼 수도 없지요. 집에 가서도 혼자인 엄마에게 친구라고는 텔레비전밖에 없어요.

하루는 퇴근한 저에게 딸이 와서 이렇게 말하더군요.

"엄마, 할머니 심심해 보여."

코로나로 재택근무를 하는 날, 집에 있으면서 엄마를 지켜보니 딸의 말이 맞아요. 애들은 자기 방에 들어가서 나오지도 않고, 거실에 혼자 앉아 텔레비전만 보고 있는 엄마를 보니, 마음이 짠했어요. 물론 엄마는 엄마만의 방식대로 열심히 살아왔고,

엄마 나이 땐 저 모습이 평범하고 당연한 모습일 수 있겠지요.

하지만 딸인 제 입장에서 볼 때 엄마의 일상이 참 무료해 보여요. 엄마에게도 혼자 할 수 있는 재미있는 일이 있으면 좋을 텐데, 81세 엄마에게 제가 뭘 더 이거 해 봐라 저거 해 봐라 권하겠어요. 말도 안 되지요. 엄마에게 자꾸 치대고 말 걸고, 엄마 넋두리 들어드리는 것이 딸인 제가 할 수 있는 전부랍니다. 그래서 심심해 보이는 엄마의 등을 바라보며, 딸아이에게 이렇게 말했습니다.

"희서야, 할머니 말동무 잘해 드려. 엄마는 나이 들어도 심심할 새 없을 거야. 걱정 마."

"응, 알았어. 내가 봐도 엄마는 안 심심할 것 같아. 엄마는 할 것 많잖아."

"그래, 엄마는 혼자 잘 놀 거니까 걱정 마."

미래의 나의 모습을 떠올려 보세요. 70, 80대의 모습을요. 온종일 텔레비전 앞에서 시간을 보내며 나 보러 누구 안 오나 기다리기만 한다? 생각만 해도 쓸쓸하네요. 제 자신이 측은해지고요. 더구나 100세 시대의 70, 80대는 지금의 70, 80대보다 더 생동감 넘치고 건강할 텐데요. 그날이 그날인 일상을 보내는 건 정말 아닌 것 같아요.

미래의 저는요, 뭔가 제 일을 하고 있을 것 같습니다. 70대면 이미 은퇴했을 나이지만, 저는 무슨 일이든 하고 있을 거예요. 제가 원하는 일을요. 시간을 헛되이 보내고 싶지 않아요. 남겨진 시간이 너무 많아 그 시간을 어떻게 감당해야 하나 걱정하며, 하루하루를 지겨워하며 보내고 싶지 않아요. 오늘의 나는 뭔가를 하고 있고, 내일의 나도 뭔가를 하고 있을 겁니다.

디즈니랜드를 만든 월트 디즈니 Walt Disney 는 죽는 순간까지도 자신의 꿈에 대해 얘기했다고 해요. 자신을 찾아온 사람들에게 침실 천장에 붙여놓은 꿈을 보여주며 큰 감동을 주었다고 합니다.

나이가 많이 들었어도 할 일, 하고 싶은 일이 있는 사람은 노년이 외롭지 않을 거예요. 자기 삶의 영역이 확실하니까요. 꼭 어떤 일을 하지 않더라도 하루하루 주어진 시간을 즐길 수 있는 상태면 되지요. 그러려면 자기만의 활동거리가 있어야 해요. 뭐든 좋지만 이왕이면 접근이 쉽고, 기술이 없어도 꾸준히 할 수 있는 활동이 좋겠네요. 독서처럼요.

저 아는 분은 퇴직하고, 제일 신나는 게 독서를 실컷 할 수 있는 거래요. 그러면서 걱정 하나를 얹어서 얘기하시더라고요. 눈이 침침해져서 책을 못 읽을까봐 걱정이라고, 아쉬운 게 있다면 그거 하나라고, 그래도 읽을 수 있는 한 계속 읽을 거라고.

책을 읽으면 심심하지 않아요. 지금 여러분이 독서를 시작하시면 재미있는 놀 거리를 하나 얻는 거랍니다. 책이 재미있다는 사실을 아는 순간, 인생이 달라져요. 노년에 실컷 놀 거리가 생기는 거니까요.

책 읽고 공부하는 사람은 행복합니다. 예전에 김혜남 교수의 책을 읽고 진한 감동을 받은 적이 있습니다. 정신과 의사이지만 파킨슨병을 앓고 있는 그는 온몸이 아프고 정신이 피폐해질 수 있는 상황에서도 이렇게 말합니다.

"공부하는 게 얼마나 재미있는지 몰라요. 공부하는 재미에 빠져있어요."

세상에, 공부라니요! 몸이 그렇게 아프고 힘든데요. 그분에게는 공부가 그 힘듦을 버티게 해주는 긍정적인 '입력'인 거지요.

우리의 성장은 계속되어야 합니다. 우리의 삶이 어떻게 진행될지 몰라도 스스로를 항상 챙기며 성장해야 해요. 나에게 행복거리, 일거리, 도전거리를 주어야 나의 노년이 생동생동할 수 있어요. 현재를 사는 젊은 날의 삶도 생동생동할 거고요.

내가 잘 놀아야 내 자녀의 마음도 편합니다. 엄마가 심심해하면 자식도 부담이 되지요. 혼자서 시간을 잘 보내고, 재미있게 놀려면, 지금부터 책을 친구로 삼으면 됩니다.

나이 먹어 사람 친구는 사귀기 힘들지만, 책 친구는 마음만 먹으면 쉽게 사귈 수 있습니다. 그리고 이 책이라는 친구는 죽는 순간까지, 내 곁에 있어줄 친구이기도 합니다. 게다가 나의 정신을 계속 가다듬어 주고 격려해주는 친구이니, 사귀었을 때 손해 볼 것이 전혀 없습니다.

100세 시대, 평생 친구 하나 만들어보세요.

말없이 내 곁을 지키며 기쁨과 위로를 주는 친구 하나.

엄마에게 책이 벽장 속 곶감이 되기를

책을 읽기 전에는 책이 이렇게 맛있는 건 줄 몰랐습니다. 책을 읽다 보니 알게 됐지요. 책은, 아주 맛있는 간식이라는 것을요. 어렸을 때 듣던 말 중에 '벽장 속 곶감'이라는 말이 있었습니다. 이 말은 정말 맛있는 것, 몰래 숨겨 놓고 먹는 것, 귀한 것이라는 느낌을 주었지요.

책맛을 아는 지금의 저에게 책이 바로 그 느낌입니다. 다행히 벽장 속 곶감이 아주 그득그득 많지요. 언제든지 새로 장만할 수 있는 곶감이고, 아무리 많이 먹어도 탈이 나지 않는 곶감이지요. 이 귀한 곶감의 맛을 알게 되어 정말 다행입니다. 이 맛을 몰랐으면 인생이 얼마나 재미없고 무미건조했을까 싶어요.

이것이 바로 제가 학교에서 아이들에게 책 읽기를 강조하는 이유입니다. 이 책을 쓴 이유이기도 하고요. 엄마들이 책맛을 꼭 알았으면 해서요. 이 놀라운 변화를 많은 분들이 경험해 보셨으면 좋겠어요.

책은 지겨운 게 아닌데, 그동안 의무적으로 접해 와서 책을 재미없어 하는 분들이 많지요. 하지만 책이 가진 매력을 알게 되면요, 책처럼 재미있고 맛있는 게 없어요. 아이들 몰래 숨겨놓고 먹는 어른들의 꿀맛 간식이 바로 책인 거지요. 여러분 모두가 이 간식을 먹고 행복해졌으면 좋겠습니다.

제가 좋아하는 동시가 있는데요, 같이 읽어 보시겠어요.

난 따라쟁이

부엌에 갔는데
아빠는 먹고 있던 것을
높은 곳으로 급히 치웁니다

뭐냐고 물었더니
아빠 약이래요

다음날
그 약이 생각나
의자 딛고 꺼내보았는데

헉!
우리가 먹으면
불량과자라며 혼내던
쫀득쫀득 쫀드기 과자에요

한 입 쏙 넣고
오물오물 먹고 있는데

"그게 뭐야."

동생이 다가와 묻기에
깜짝 놀라 불쑥 나온 말

"어, 누나 약"

조계향 작가의 《볼 시린 무》에 실린 동시입니다. 이 시를 읽고 한참을 웃었어요. 시에 등장하는 아빠의 모습이 참 재미있어서요. 귀엽기도 하고요. 그리고 아빠의 행동을 그대로 따라 하는 딸의 능청스러움도 웃음 포인트입니다. 아무것도 모르는 동생도 언젠가는 아빠랑 누나처럼 "어, 내 약" 그러고 있지 않을까 싶네요. 맛있는 쫀드기를 자기 혼자 아껴 두고 먹으려고 말이지요.

저는 아빠가 숨겨두고 혼자 먹는 쫀드기가 책이 되길 바랍니다. 곶감처럼 아껴두고 계속 먹고 싶은 간식이요. 그리고 아빠를 따라 하는 누나의 모습처럼 아이가 책을 곶감이나 쫀드기로 느끼는 날이 오기를 바라요. 아이들은 따라쟁이니까요. 아빠의 행동을 따라 하는 누나의 모습처럼 엄마가 독서를 하면, 그 행복이 자녀 한 명, 한 명에게 차례로 전해지지 않을까 싶습니다.

문득 제가 읽은 책을 아이가 따라 읽는 상상을 해 봅니다. 제가 책을 통해 느낀 감정을 몇 년 후 아이가 똑같이 느낀다면? 그 시절의 나와 성장한 내 아이가 책을 통해 대화를 나누는 상상, 그 자체로 행복해집니다.

저는 제 아이에게 도구로서의 책을 전해주고 싶은 마음보다는 친구로서의 책을 알게 해주고 싶은 마음이 큽니다. 성공과 성취를 위한 도구로서의 책보다 저에게 더 소중했던 건 친구로서의 책이었기 때문이지요. 제 아이의 인생에 책이 좋은 친구가 되어 아이가 외롭지 않게 평생 곁에 있어 주었으면 좋겠어요.

엄마가 책을 벽장 속 곶감처럼 대하면, 아이는 느낄 겁니다. '엄마는 책을 정말 좋아하는구나.' '책은 참 좋은 거구나.'라고요.

아이들을 비롯해 주변 사람들에게도 맛난 곶감이나 쫀드기를 나눠보는 건 어떨까요? 책맛을 알고, 인생의 단맛도 느껴볼 수 있게요.

엄마가 행복하면 아이도 영향을 받습니다. 그러니 달디 단 곶감을 계속 꺼내 먹었으면 좋겠어요.

행복한 엄마, 책을 읽는 엄마.

엄마에게 책이 벽장 속 곶감이 되기를 바랍니다.

책을 브런치로 먹는 엄마

기적을 만드는 엄마 성장 독서의 시작

글쓴이 ┃ 최선미
펴낸이 ┃ 곽미순   편집 ┃ 박미화   디자인 ┃ 김민서

펴낸곳 ┃ (주)도서출판 한울림   기획 ┃ 이미혜
편집 ┃ 윤도경 윤소라 이은파 박미화 김주연
디자인 ┃ 김민서 이순영   마케팅 ┃ 공태훈 윤재영   경영지원 ┃ 김영석
출판등록 ┃ 1980년 2월 14일(제1980-000007호)
주소 ┃ 서울시 영등포구 당산로54길 11 래미안당산1차아파트 상가 3층

대표전화 ┃ 02-2635-1400   팩스 ┃ 02-2635-1415
홈페이지 ┃ www.inbumo.com   블로그 ┃ blog.naver.com/hanulimkids
페이스북 ┃ www.facebook.com/hanulim
인스타그램 ┃ www.instagram.com/hanulimkids

첫판 1쇄 펴낸날 ┃ 2021년 7월 30일
ISBN 978-89-5827-136-9 13590